全过程工程造价管理实操系列

工程造价修炼 50 堂课

胡　跃　黄燕翔　著

中国建筑工业出版社

图书在版编目（CIP）数据

工程造价修炼50堂课/胡跃，黄燕翔著．—北京：中国建筑工业出版社，2023.4（2024.3重印）

（全过程工程造价管理实操系列）

ISBN 978-7-112-28407-8

Ⅰ.①工…　Ⅱ.①胡…②黄…　Ⅲ.①工程造价—问题解答　Ⅳ.①TU723.3-44

中国国家版本馆CIP数据核字（2023）第032601号

工程造价发展至今，随着取消定额、取消咨询公司企业资质等级等一系列文件出台，使行业从业人员感到迷茫，做了多年的本职工作后又回到当初的起点。工程造价行业到底要我们这些专业人员做些什么，自主报价对工程造价人员有什么意义，工程造价将来的前景走势如何。本书从原点出发，引导工程造价从业人员步入正确的职业轨迹。全书共分为6章，包括：EPC项目管理模式的问与答、案例成本、案例工艺、案例争议、工程造价人员路在何方以及工程造价知识误区。作者从30多年的从业经历出发，总结53个工程造价人员需要弄懂的知识点。

本书内容丰富，语言生动，具有较强的指导性和可操作性，可供工程造价从业人员参考使用。

本书未特别说明，单位均为"mm"。

责任编辑：徐仲莉　王砾瑶
责任校对：张惠雯

全过程工程造价管理实操系列

工程造价修炼50堂课

胡　跃　黄燕翔　著

*

中国建筑工业出版社出版、发行（北京海淀三里河路9号）
各地新华书店、建筑书店经销
北京建筑工业印刷厂制版
建工社（河北）印刷有限公司印刷

*

开本：787毫米×960毫米　1/16　印张：14¾　字数：261千字
2023年6月第一版　　2024年3月第三次印刷
定价：**59.00**元
ISBN 978-7-112-28407-8
（40860）

前　言

看似挑战底层逻辑的笑话，实际上天天都在工程造价行业上演，看下面的案例。

一名消费者进入店中询问：这件商品多少钱？

店家：100元/件。

消费者：能便宜点吗？

店家：真心想要就打九折拿走。

一手交钱一手交货后，第二天消费者又来到店中：老板！货有些问题，我要退货。

店家：这是90元，你收好。

消费者：你店里这件商品明明标价100元/件，为什么只退我90元？

店家：你手中这件商品是我打九折卖给你的，现在退货当然只能退90元。

读者朋友，这个案例的底层逻辑错在哪里？如果不能回答请看下一个案例。

项目投标时投标方不知道是大意还是故意，将一个编号001清单数量为100个单位的清单项目的综合单价填报为0，将另一个编号002清单数量为10个单位的清单项目的综合单价也填报为0。过程中因为变更，编号001的清单项目被取消，编号002的清单项目增加100个单位。

项目竣工结算审计过程中，审核人员将变更取消的项目综合单价人为调整为50元/单位（编号001清单项目招标控制价的综合单价），编号001的清单项目因为变更取消，001清单项目造价＝−100（清单数量）×50（编号001清单项目招标控制价的综合单价）＝−5000元。承包方看到此处也没说话，继续往下看，编号002的清单项目因变更增加100个单位，因为合同内综合单价报价为0，执行合同内的综合单价，002清单项目造价＝100（变更数量）×0（合同内编号002清单项目综合单价）＝0元。看到此处，承包方的人问：编号001清单项目为什么不执行合同综合单价？审核人员解释：承包方不平衡报价要以招标控制价综合单价为准。承包方的人继续问：编号002清单项目综合单价为什么不按招标控制价100元/单位的价格执行？审核人员解释：审计的原则是审减不审增。

看到此，读者可能会想：为什么一道简单的数学问题好像涉及了法律和道德层面？实际上对底层逻辑的践踏就是对道德底线的突破。案例中编号002清单项目综合单价结算过程操作正确，错误的是编号001清单项目的综合单价违背了组价原则。与前一个消费者购买商品后退货的案例相同，底层逻辑的错误是：购买时用了合同价（打九折的价格就是合同价），退还时却要求用标签价（工程案例中的招标控制价就是标签价）。

　　底层逻辑是最本质、最客观、最接近"真理"的类似定理、公理的常识。一个人学术不精，可能有人会愿意为其解释，但一个人公然挑战底层逻辑，就会让人联想到这是故意行为。但为什么工程造价行业出现这么多敢于挑战底层逻辑的人，原因只有一个，挑战成本为0，因为他们用0成本挑战可以为被挑战人增加无限成本。

目　录

第 1 章 EPC 项目管理模式的问与答

01 EPC项目工程总体设计方案内容

关于EPC项目管理模式的核心内容不是其价格的高低，而是其工程总体设计方案的好坏。EPC项目的设计方案具体包含什么内容，主要看招标文件的要求，有些业主方对功能性要求强于效果，如工业厂房的设计方案考虑的是设备如何有效安装到位，厂房间的工序流程衔接等问题；有些业主关心单体项目的外形效果；还有些业主会注重建筑与环境的融合效应等。每个项目都有其专一性、独特性，每个投资方关注的项目视角也各有不同，既然不约而同地选择了EPC项目管理模式，听取不同总承包方的意见是不二选择。

对于总承包方而言，EPC项目总体设计方案就是打开订单之门的一把钥匙，谁能解开业主方心中的锁扣，谁就有可能成为中标候选人。EPC项目总体设计方案思路应该从以下方面考虑：

1. 效果图

无论是整体建造项目，还是局部装修改造工程，效果给人的视觉冲击会赢得50%以上的得分。

（1）整体建造项目设计方案效果图类型

整体建造项目设计方案效果图包括鸟瞰图、远景图、近景图、亮点图等，如图1-1～图1-4所示。

图1-1　鸟瞰图（整体建造项目）

图1-2　远景图

图1-3　近景图

图1-4　亮点图

（2）局部装修改造工程效果图展示的重点内容

局部装修改造工程效果图包括鸟瞰图、局部亮点效果图、特写效果图等，如图1-5～图1-7所示。

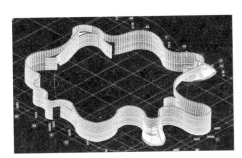

图1-5　鸟瞰图（局部装修改造工程）

图1-6　局部亮点效果图

图1-7　特写效果图

效果图要展示的内容远不止这几种类型，是选择自然、和谐、返璞归真的风格还是"新、奇、特"的境界，要根据项目本身的性质特点决定，结合对环境改良的需要、业主关心的要点等进行突出，如果是环境保护性质的项目，外部整体造型与周边环境的结合就要尽可能融合；如果是展示性质的项目，就要展示"万绿丛中一点红"这种凸显的效果。

效果图方案内容以图片、动漫3D类型为主，配合适当的方案解释会起到事半功倍的作用，红色预示兴旺，因此某些地方可以加入红色元素；水代表财运，可以在建筑物南侧放置水景，寓意水火既济等。

2. 功能需要

功能需要方面的设计方案内容以技术参数为主，其本质上是项目建议书（可行性研究报告，以下简称可研报告）的另一种版本，例如下面这组调查内容就是为项目设备安装规模、功率提供大数据的支持。

（1）人均垃圾产量

根据中国环境科学研究院对我国500多个城市生活垃圾产量的统计分析，中小城市生活垃圾产量为0.8～1.4kg／（人·d），大中城市生活垃圾产量为0.8～1.1kg／（人·d）。

（2）垃圾收集率

考虑到北京市开展垃圾分类工作比较早，环卫行业发展位居全国前列，确定垃圾清运率按照100%计。

功能需要除提供各种技术指标参数外，关键目的是为经济报价做铺垫，如方案中描述，建议选择进口设备（这就是我们设备报价比较高的客观原因），因为其体积小、噪声低、运行可靠等（附上一系列指标参数表），同时话锋一转，某国产设备虽然整体评分不如进口设备，但某些指标数据（或主要指标数据）与同类进口设备相近，完全能满足招标文件中对某项功能的需求。有了这句话垫底，将来在价格让利时总承包方可以用替换设备的方案化解让利带来的部分损失。

3. 措施方案

图片效果、功能需求让业主方满意了，如何把图片变成实物就是让业主方放心的环节。如国家体育场项目在方案评选中，100个评委会产生10000个疑问，这个项目能最终实现吗？不考虑项目资金问题，单说结构类型国内都没见过，工艺谁会做？安装谁能做？搭建整体结构谁敢做？这些现实存在的问题都要通过设计方案中一条一条的措施方案加以解释和澄清，最终从理论上先完成建筑模型的搭建工作。

工程项目中违反常理的需求可能经常出现，如时间紧迫、要求抢工的项目，这时就要在设备与人工上增加措施投入，如老旧小区改造时居民车辆不能驶入小区，就要在周边临时租用一处停车场，暂时解决小区居民停车问题。这些看似与工程施工无关的措施，体现出人性化，可以为设计方案增加不少的分数，特别是业主方想到却解决不了的难题，总承包方可以利用自身优势从另一个角度予以灵活化解，这种措施方案的含金量比下载模板凑字数的施工组织设计方案的价值高百倍。

4. 特殊措施方案

特殊措施方案既具有通用性，也具有针对性，不是简单地完成模板复制、粘贴工作。具体的特殊措施方案一般包括：安全文明施工方案（包括安全方案、文明施工方案、环境保护方案、临时设施方案），现阶段的特殊措施方案必须加入垃圾清运消纳方案等；质量控制方案；工期控制方案；应急抢险方案；竣工验收方案、保修维护方案等。

5. EPC项目设计方案的辅助资料

效果图、PPT、3D模型、文案只是EPC项目设计方案的主体，一些设计方案的辅助资料在投标时也必不可少，如图1-8、图1-9所示。

这些模型的意义在于告诉业主方，我们有能力将设计方案从图片变成实物。除模型外，还有材料样板等（图1-10），这些EPC项目设计方案的辅助资料体现的是投标人对项目的重视程度和态度。

6. 运营服务方案

许多做工程的人不清楚运营服务方案的内容应该怎么编制，运营服务是工程项目竣工验收（交钥匙）后的工作内容，这个过程的期限可能远远长于工程施工工期。运营服务方案中除体现工程项目保修维护内容外，还有实际的运营，如酒店交工后，业

图1-8　方案模型

图1-9　工艺模型

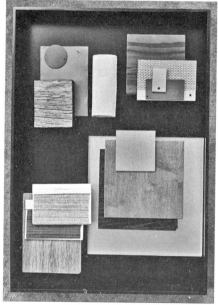

图1-10　材料样板

主方没有时间管理，承包方代业主方管理经营酒店业务；或者小区入住后，承包方摇身变成物业公司等。如果说EPC项目设计方案评分中效果图占50分，则运营服务方案的分值可能达到40分以上，因为许多业主对于工程项目除了效果评价，他们不会过多关心结构的稳定性、持久性这类专业问题，但运营服务是他们的本职工作，也是关注的焦点。如展厅项目，工程竣工后随即开始接待游客或客户，若业主方临时组建一支项目服务团队还需要经过培训才能上岗，时间不等人，正好承包方全过程经历了设备安装和调试阶段，对设备运行非常在行，当初的承包团队转型成服务团队，指导游客操作设备，兼顾软硬件维护、维修等工作，业主方配备几个礼仪、领班、前台、出纳介入展厅管理，展厅项目就可以正常运营了。这类具体的互惠双赢方案在评标中即使不得满分也能获得高分，在竞争中，相比没有这方面经验的投标方，在前期效果图和后期运营维护上多花点功夫，让效果图领先于自己的对手，运营服务方案获得高分，也是战胜对手的一个机会。

7. 软实力内容

如公司业绩、项目机构、人员组成等，说到此，让人立刻联想到传统的商务标、技术标内容。如业绩材料、人员证书等资料，许多投标文件经过处理才能达到招标文件要求。纸面内容虽然只是形式不占什么分值，但EPC项目设计方案投标要经历多轮的商务谈判阶段，参与项目谈判的人员无法通过复制、粘贴改变知识体系和谈判技巧，公司为了凑资质而聘请几位喝茶型的建造师一定无用武之地。

实际上EPC项目设计方案（连同报价部分）就是一个整体的销售过程，所做的工作汇集整合了设计院设计方案阶段，有的小项目如室内装修项目还要求出平面布置图，相当于完成了初步设计阶段的工作内容、项目建议书部分的内容、投标方经常做的商务标和技术标内容等。涉及的专业为设计、咨询、施工（工程管理），国家体育场项目设计方案阶段就是由这三类公司的联合体共同完成的。EPC项目设计方案过程人员性质全部为销售人员。

最后提醒一下EPC项目的投标人，在真正的EPC项目管理模式中，EPC项目设计方案不中标，投标人所报的经济标就是一摞废纸，没有人再去关注项目设计方案不中标的投标人的报价。EPC项目投标报价不要怕价格高，关键是方案精与惊（方案精致、效果惊艳）。

02 当前EPC项目工程计价心结难解30问

EPC项目管理模式作为新兴的工程承包管理模式，在国内运用过程中发生了许多与EPC项目管理模式完全不同的变异，造成这种现象的原因是操作EPC项目管理的人根本不知道EPC项目管理的核心与精华，而是带着定额计价的传统模式来组织管理EPC项目，最终造成许多难以解释的争议，实际就是在操作过程中从源头上出现错误导致的。要想使EPC项目从法律角度成立，就必须体现出两个最基本的原则：一是设计方案中标；二是合同总价包死（也就是固定总价合同）。这两个前提成立，EPC项目才可以顺利开展并发挥出高效率。国内不是没有成功的EPC项目管理先例，2008年北京夏季奥运会展馆项目大多运用EPC项目管理模式，包括国家体育场项目实际就是以EPC项目的开头字母E开始，之后虽然没有继续PC操作，但这一个开头却体现出大半个EPC项目管理模式的精华。

1. EPC项目管理模式的起点在哪里？是在项目建议书、可研报告、初步设计方案还是施工图设计阶段？

EPC项目管理模式是总承包项目管理模式，项目在立项阶段所做的一切完全是业主行为，如不拿地如何建房、不购房如何装修这类逻辑性的因果关系。开发商拿地、小业主购房时会通知总承包方和装修公司参与吗？总承包方没有得到邀请自然无法形成EPC的起点。

真正的EPC项目管理模式起点应该建立在设计方案＋项目建议书（可研报告）＋施工组织设计方案的集合体基础上，如国家体育场项目3＋1的联合体投标（3个国外公司，分别是方案设计公司、咨询公司、工程管理公司；1个国内深化设计公司）模式，将设计方案、项目建议书（可研报告）、施工组织设计方案完美体现在世人眼前。

EPC项目在未确立中标人之前一般走不到施工图设计阶段，因为设计方案没有确定，初步设计方案也没有确定，谁愿意去画施工图？画出来又给谁看？

国内将EPC项目管理模式起点设置在设计方案＋初步设计方案之后，起点理念就是一个错误，EPC项目是花最少的钱获取最多的设计方案，从而让业主方可以借鉴与挑选，国内EPC项目管理模式还延续老旧的理念，把本来应该由多家设计单位完成的方案设计工作交由一家设计公司完成，就算一家设计公司出了3个方案，也只是3个方案而已，如果真正以EPC项目管理模式招标，可能投标方会出现5家、7家甚至更多，业主方得到的方案也会更加丰富，反正要支付设计费，为什么不花一份钱多取得几个设计方案？

2.EPC投资的天花板即投资限额是投资估算、设计概算、最高投标限价、中标价还是财审预算价？

EPC投资的天花板即投资限额，从两个方面分析：

（1）资金捉襟见肘型：这类业主通过举例说明就很容易理解，口袋里就10万元装修款，80m²两居室需要装修入住，无论装修公司如何口吐莲花，业主最终付款底线就是10万元，否则装修超标、结算超支，让债主天天堵门要钱影响生活质量。

（2）财大气粗型：有钱没格局的业主很多，其并不像想象中那样出手阔绰、一掷千金，或者确实有钱，但投资的项目与其关系不大，如出资方并不一定是使用方，最典型的项目就是财政投资项目，如学校建得再漂亮也不是财政办公场所。

EPC项目投标时除了设计方案＋项目建议书（可研报告）＋施工组织设计方案完美之外，最高境界就是猜测出业主口袋里到底有多少钱，否则设计方案就是无的放矢，设计方案做得再完美，业主方支付不起费用也是一张废纸。如何猜测业主口袋里有多少钱？

（1）家装：只能期望业主说漏嘴，否则不可能知道他口袋里有多少钱。

（2）工装：需要通过各种手段探测，如办公室装修，在商务谈判僵持阶段沉不住气的一定是业主方，如办公旧址还有2个月的租期，物业给了办公新址40天的免费装修期，眼看着已经过去5天，1000m²的办公面积每天租金8000元，为了降低15万元的装修费用，万一工程拖期20天，省下的钱还不够交房租，所以会赶快亮出底牌落实承包方。

财政投资项目要实现EPC项目管理模式，资金审批与方案落实正好应该倒置过来，先确定设计方案，再组织财政资金，如果第一中标方设计方案远远超过批复的资金，可以找第二、第三设计方案中标方商谈。总之，EPC项目是一个漫长的商务谈判过程，直至设计方案达到既能满足业主方使用要求，又可以在资金承受范围内为止。

3.EPC最高投标限价如何编制？编制的依据是什么？

EPC项目管理模式有没有最高投标限价，要看业主方口袋里的资金实力，笔者在商务谈判中听到最多的信息就是"我们只要求好，你们拿出最好的设计方案"，处处体现出一副不差钱的气派，但不差钱的背后隐藏的就是没有钱的窘迫。

财政投资不可能没有边际，除非是像国家体育场这类大型标志性建筑，政治意义大于经济投资，是真正需要最好设计方案的项目。但是一般的财政投资项目一定会设置最高投标限价，即便是实行真正意义上的EPC项目管理模式，也会从不同角度透露出最高投标限价的底牌。

不求资金上限只图项目精品的工程，笔者也经历过，3000万元预算的家装项目最终结算金额4000万元以上也有真实案例。

是否设置最高投标限价取决于以下3个条件：

（1）资金不是项目最重要的否决指标，如国家体育场项目。

（2）遇到有实力但不知道资金上限的投资人，一个好的设计方案会使其追加投资。这样的投资方会在心中设置一个模糊的最高投标限价，模糊到自己都看不清楚具体的数字金额。

（3）口袋里就这些钱，突破了预算谁的日子都不好过，这种项目必须要设置最高投标限价。

EPC项目管理模式的最高投标限价从何而来？来源有两个方向：

（1）财政投资会找类似做可研报告的咨询公司，让他们提供项目指标、每平方米单价等数据，根据项目实施难易程度，可能会在指标基础上增加一个系数予以调整投资金额。

（2）那些已经将口袋里的钱固定的招标方，这时最高投标限价已经确定，招标方会在各投标方的设计方案及报价中权衡利弊，设计方案如果能称心如意，报价又可以控制在投资范围内，这样的投标方中标概率会非常大。

4.EPC最高投标限价限的是下浮费率还是最终总价，或者是各单项工程、单位工程的价格？

EPC项目管理模式投标阶段非常漫长，多轮的商务谈判除解决技术问题外，还有经济标的打折让利环节。招标方要求投标方打折的目的不外乎两点：

（1）口袋里的钱真的不够支付现有的设计方案报价，投标方需要做出让利以满足资金的需求。

（2）虽然不差钱，但也要走个程序，打折让利是交易的组成部分，想让交易完美，投标方适当做出姿态也是必要的。

无论谈判进行多少轮，期间投标方承诺了多少次打折让利的金额，最终签订合同是以最后一次承诺金额为合同金额。因为双方是讨价还价，打折的过程可能伴随着招标方对工艺、材料、质量、效果、功能的让步，投标方看似总价下浮50%以上，但这50%的金额并不完全是投标方利润的让渡，其中大半可能是招标方的设计方案让步。所以下浮率什么也体现不了。

5. EPC必须采用工程量清单计价吗？ EPC招标投标为什么不尝试编制工程量清单？

EPC项目管理模式投标报价没有固定格式，除非招标方限定必须采用某种投标报价格式。如果项目单一，如设计、供应、安装一座雕塑。招标文件要求雕塑规格尺寸、形象意义、必须体现的文字、Logo内容等，其他的如材质、颜色、造型等由投标方自行发挥设计风格，最终一座雕塑报一个总价即可，不需要列出挖土方、构置基础等工序的分项报价。

如果是大型综合类项目，如从平地建起一座建筑，而且里面功能齐全、花样百出，招标投标在没有确定项目设计方案的前提下，即使能提供工程量清单也一定是漏洞百出，不如提供一份单位工程的报价清单，如土建主体金额、二次结构金额，精装修金额，风、水、电、气、消防、监控等安装项目的单项金额，展览、展示、广告宣传等的实物量部分的报价，此外还有设计费、开工报审、竣工验收等从头至尾的开工、竣工手续费等。这一系列费用项目要在设计方案阶段编制出精准的工程量清单，是一件不可能完成的事情，让EPC项目在招标时就附带招标方工程量清单，属于"模拟清单"招标，与EPC项目管理模式完全是两个概念。

6. EPC投标报价报什么内容？ 投标文件填报的是费率还是总价？

EPC项目管理模式在国内已经被改得面目全非，最主要的改换模式有以下3种：

（1）模拟清单：也就是招标时清单编制人对着不太完善的施工图，将工程清单项目、大约的工程量和大概的工艺做法编制成工程量清单进行招标，招标、清标过程中设计方再根据工程量清单编制方、招标方提出的图纸问题进行图纸深化和完善，这样可以将招标与设计同步进行，节约一部分时间。中标方进场后，边施工、边对量（投标报价的清单综合单价不予以调整，除非清单项目工艺有所改变）、边签订工程施工合同，这时签订的工程施工合同称为总价包干合同，这一系列操作完成了整个模拟清单的全过程，上述过程称为"重计量"。

（2）费率合同：这种投标方式更加简单，几张纸的招标、投标文件就可以完成招标投标程序。招标文件约定了工程量计算规则，指定了价格询价路径，规范了直接费组价程序，制定了个别要素（如人工费、辅助材料）的固定单价。投标时投标方比的就是打折让利幅度，也就是下浮率。或者投标方直接在直接费基础上报一个综合费率，将来结算时只要双方确认了直接费单价，剩下的事情就是根据约定计算直接费×（1+综合费率）就可以了，现在实行的是增值税，税率不能打折让利，计算公式可以演变为直接费×（1+综合费率）×（1+增值税税率）。

（3）其他投标模式。

但是上述投标模式无论是填报费率还是总价打折，都不属于EPC项目管理模式，EPC项目一定是填报总价，但价格不是关键，主要是设计方案，价格只是完成设计方案从图纸到实物的物质条件，设计方案才是精神层面的价值。国内对看不见、摸不着的非实物形态的价值不予以认同，所以对于EPC项目投标人的投标文件都喜欢有意无意地先看其价格而不去关心设计方案的品质。"一分价钱一分货"的道理人人皆知，但在建筑市场低价却是永恒的追求目标，生怕工程被人获取了利润。有钱人出行为什么不买辆自行车代步？既锻炼身体还能低碳环保，如果体力不支，还可以雇用骑手代替司机，老板坐在自行车后座上出行商务谈判，这样逢人都可以炫耀任何品牌的汽车都休想从自己口袋中获取利润。

7. EPC的合同结算形式究竟是什么？工程签订合同时所谓的合同价究竟指什么？

EPC项目管理模式除设计方案中标之外，还有一个显著特点就是总价包干，是真正的总价包干结算模式，理论依据（或者是法律依据）是：行为人对自己的行为负责。EPC项目投标方既是报价方也是清单编制方，EPC项目即使有工程量清单，其正确性也不用招标方负责，因为EPC项目的工程量清单是投标方编制的，如果项目没有业主方意志变更，清单报价没有丢项、漏项之说，甚至设计失误都是由设计人自己负责，EPC项目的设计人实际也是总承包方自身。

因为EPC项目管理模式前期经过多轮的商务谈判，所以合同中的条款除招标文件中的要求外，实际许多条款应该是商务谈判的汇总集合，在合同条款中强调最多的除了普通项目合同条款外，就是对项目的图纸绘制要求、项目内各系统的功能使用要求、对材料品牌、规格、型号的约定、工艺做法的实施注明（如国外的合同附件《物料手册》）等。如果有后期运营维护，建安项目付款将更加灵活多样，如经营权约定。在20世纪80年代初，北京第一批五星级酒店中有一家就是以15年经营权为付款条款的交易，整个项目政府投资只出了土地和政策，项目的设计、施工、采购全部交由总承包方完成，15年经营期结束后，酒店产权交给土地投资方。

EPC项目管理模式完全不同于传统的盖一层楼支付一层楼的工程进度款这类付款模式。

8. EPC项目先投费率标，再编施工图预算，核对后形成最终价款真的是叫固定总价合同吗？

费率合同招标、投标不是EPC项目管理模式，并不是随意发明一种招标方式就可以命名为EPC项目管理模式，如模拟清单等都不是真正意义上的EPC项目管理模式。EPC项目管理模式是真正意义上的固定总价结算合同模式，很难找到每一道工序的组价依据，但为解决EPC项目实施过程中的变更项目问题，EPC项目管理模式合同中可以融入费率合同结算模式的条款和计算方法，以解决变更项目工序组价问题。

9. EPC项目中的不可抗力内容由谁界定？EPC项目的不可抗力责任如何分担？

EPC项目在实施过程中遭遇不可抗力因素产生的经济损失，同其他传统工程项目合同中的不可抗力条款约定相同，如果合同中的约定不明确，总体执行"谁的地盘谁做主，谁的孩子谁抱走"的原则。也就是项目各参与方自己承担自己在不可抗力下的损失，对于无法确定的、发生在施工现场内的第三方损失由业主方承担。

10. 对于EPC工程的不可抗力，发包人应当承担的部分是否含在投资限额内？

不可抗力是不可预知的风险，项目实施过程中具体会发生什么意外风险，任何项目参与方都不可能提前预知，因此清单计价的综合单价中带有风险费就是为抑制后期不可预见的风险。

无论是业主方（建设方）还是施工方都应该要有风险意识，投标方为提高竞争力把风险全部留给自身，到风险真正来临之时发现自己又承担不起，而EPC项目是真正意义上的固定总价合同，投标时丢项漏项属于自行承担的损失，不可抗力发生时，自己范围内的损失也是由自己承担的。建设方更应该充分考虑不可抗力因素，清标时对投标方的风险管控方案要格外重视，费用也要计取到位。如在台风频发地区，要明确临时围挡的搭设强度需能抵御多少级的风力，排水方案中设置的排水设备1h排水量是多少立方米等都要有数量级的说明，而不是照抄施工组织设计方案模板，说一堆空话却没有一条实用性的内容。

11. EPC项目施工图设计究竟应该由谁完成和主导？

EPC项目是设计方案中标，中标不等于已经签订合同，只能说设计方案通过了，下一步进入一起聊聊价格的程序了。从设计方案中标到最终签订EPC项目合同，中间可能要经过漫长的清标过程，作为招标方当然愿意投标方把方案细化、细化、再细化，但作为投标方心里想的是"没有最终签订项目建设施工总承包合同，一切变数皆有可能"，既然没有签订合同，之前投入越多，风险就越大，工程项目的施工图都交给招标方了，他们转手再找一家施工方就可以组织施工了，之前的投入就打水漂了，因为人心难测，所以方案图纸设计能粗糙过关就不用精益求精。

12. EPC项目设计图纸是否满足发包人设计任务书（如果有的话）的要求，由谁审核和承担责任？

EPC项目是设计方案中标，总价包死，所谓的总价包死是总价在没有业主变更的前提下不能突破合同总价，工程设计图纸内容在签订工程施工合同之前可以任意调整。工程设计图纸是否满足发包人设计任务书的要求，主要审核人应该是业主方，这是因为使用人对设计图纸最有发言权，如果有第三方介入，则其主要审核发包人设计任务书与设计图纸设计上的功能性满足问题，因为效果是最先进行审核的，第三方做不了使用方对效果要求的主，只能对功能性指标进行审核，如果认为某个项目或单位工程报价过高（相对于市场价），如市场空调单方造价为600元/m^2，而投标方对空调报价单方造价超过1000元/m^2，则可以对此提出质疑。投标方见到质疑后可以回复"本项目层高6m，市场空调单方造价600元/m^2仅适合于层高4m以内的建筑制冷要求，本项目空调投入需要1000元/m^2。"

第三方审核过程中如果发现设计方案和投标报价中有不能满足发包人设计任务书要求的可以提出质疑，如设计任务书要求加装门禁，但投标报价中没有见到门禁系统的报价。接到质疑后投标方明确回复"门禁项目费用已经包含在其他弱电项目单价中，不用单独计价"，将来业主方竣工验收时，发现施工方没有安装门禁，可以要求总承包方免费进行门禁加装。

13. EPC项目施工图设计阶段中的优化设计由谁承担其权利或义务？

EPC项目从设计方案阶段开始，就是由总承包方完成，也许参与工程建安项目设计的是一家或多家联合体设计公司，但不能改变总承包方主体地位，更不能成为总承包方推卸责任的理由，说到此要提醒一句，发包方不要自以为聪明，半路安插一家甲指设计公司介入项目，如果这样操作，所有的锅都会被扣在甲指设计公司的头上。所谓的设计优化或设计深化，实际上是对之前设计阶段遗留问题的完善和解释，总承包方永远是EPC项目设计的第一责任人，至于他们拿到设计费后找了多少家设计分包单位与他们分钱，是总承包方考虑的问题，如果是分责任，后一道工序的参与方为前一道工序承担责任，敢接别人的"二手活"，敢拿总承包方的分包款，就要做好承担责任的准备。

14. EPC项目施工图预算是否理所当然地应作为结算依据？EPC项目施工图预算由谁编制？

EPC项目应该是设计方案中标，设计方案阶段大多为估算指标，做得细致一点，且有专业水平的报价可能达到概算阶段的精度，签订工程总承包合同后能不能立刻出具施工图预算是一个未知数，也许设计方案中标后总承包方出于对业主方的充分信任，在没有签订工程总承包合同之前就开始马不停蹄地进行下一阶段的设计工作，也有一些业主方要求总承包方签订合同的报价必须达到施工图预算的精度，相当于实物工程量达到90%以上的准确率，综合单价的利润率误差也不能超过±30%。但无论对合同中的项目价格如何要求，发包方都不能对之前设计方案中标时商谈的总价进行再次打折，也不应该对总承包方上报的合同清单不具备合理性的部分进行扣除操作，最多提示总承包方某项清单综合单价合理性太低，请予以调整。签入总承包合同的金额如果没有变更，结算时合同金额即成为结算金额，因为EPC项目是总价包干合同。EPC项目从项目建议书阶段的估算，到初步设计阶段的施工概算，再到施工图阶段的施工图预算，都是由总承包方完成的，清单计价有一个原则叫"清单编制人对工程量清单的正确性负责"，EPC项目各个阶段的清单都是由总承包方编制的，总承包方对工程量清单的正确性要负全部责任，清单的丢项漏项、工程量偏差等错误，都不是结算阶段调整结算金额的理由。

利润和风险是对等存在的，想让总承包方让渡利润就要减少其承担项目风险的责任。

15. EPC项目施工图预算由谁审核？EPC项目施工图预算的作用究竟是什么，是支付进度款的依据还是作为结算价款的依据？

EPC项目既然要编制施工图预算（或详细的工程量清单），哪一方编制施工图预算，审核的权力就在另一方，审核过程中对清单项目中不合理的清单项目综合单价提出质疑并要求编制方进行调整（从中体现出工程量清单综合单价的法律效力，一旦双方对综合单价确认完成并签入合同中，各结算期间都不能调整工程量清单综合单价），但不管如何调整都不能改变事先约定的工程总造价。合同文件的报价清单当然越细致越好，EPC项目的进度款应该以形象进度作为依据审核，而不是以时间点作为结算依据，如大型项目，每一层主体结构为一个结算周期，可能小型项目结算次数就会减少很多，如以基础完工、主体完工、二次结构完工、装修完工等作为结算节点，如果合同中有详细的清单报价且工程量准确，以之后编制的清单工程量作为支付进度款的依据还是比较合理的选择。

16. EPC项目施工图预算编制审核完成的时间要求是什么？

既然EPC项目施工图预算要作为进度款报量依据，那么应该在第一次进度款报量前完成清单项目的工程量及综合单价的确认工作，至少要完成所需报量的清单项目部分，如土方、基础中的清单项目的工程量及综合单价的确认。

17. EPC项目施工图预算编制一定要用工程量清单计价方式吗？

EPC项目的施工图预算编制一定要用工程量清单计价方式，因为工程量清单的服务对象是业主方，而不是施工方、中介方，既然编制专业性的施工图预算，就必然要让业主方看得懂、分得清。

18. EPC项目施工图预算必须要按政府计价定额编制吗？

EPC项目施工图预算编制不一定要参考官方发布的工程预算定额编制，如运用港式清单，直接往综合单价栏里填报综合单价就可以，但是使用官方发布的工程预算定额编制也有其优点所在。

（1）套用定额组价可以将清单项目中每道工序的单价反映出来，以便将来发生业主变更、出现新项目时，可以直接借用原合同中的工序组价。

（2）套用定额组价可以将人、材、机明细反映出来，在出现新项目时，可以引用原合同中的人、材、机单价和取费费率。

（3）套用定额组价可以将争议点距离拉近，最终合并、消除争议。

19. EPC项目如何实施工程设计变更？

EPC项目可以出现变更，变更分为两种：

（1）设计变更：EPC项目管理模式设计工序在总承包合同范围内，设计变更可以发生，但要得到业主方认可，并且费用基本不予以确认，已经包含在工程项目的总价内，设计变更只是完善型变更，并不是实质性变更。如原房间内设计了8个灯盘，因照度达不到设计要求，又增添2个灯盘以提高照度，增加的2个灯盘不在结算时增加费用。

（2）业主变更：业主变更属于实质性变更，因业主意愿形成的变更，结算时要据实结算。

20. EPC项目是否可以在结算时调整人、材、机单价差？

EPC项目虽然是总价包干，但结算时只要合同有约定，是可以进行人、材、机单价调差的，因为EPC项目有时工期很长，项目实施阶段人、材、机单价涨幅会超过承包方（或发包方）的风险承受范围，约定风险范围内的单价差调整机制，可以避免施工期间当承包方因收入满足不了成本费用支出要求而产生偷工减料的想法，约定结算时调整人、材、机单价差体现了发包人的风险责任担当。

EPC项目人、材、机单价调整的程序同普通工程项目的操作程序，约定确认可以调整的人、材、机的各类价格，约定调整的认价程序，约定调价基期与发生期的时间节点等。

21. EPC项目可不可以有甲供材和暂估价材料？

EPC项目不应该有甲供材，因为EPC项目设计方即为施工方，如果约定甲供材，后期设计变更会造成甲供材数量不容易控制，如业主方是钢铁厂又正好生产建筑用钢筋，如果建筑物的钢筋想甲供，直接在合同里指定必须用业主方自产品牌的钢筋即可。

EPC项目允许有暂估价材料，操作程序同普通工程项目的暂估价材料操作（必须注明暂估材料的单价），结算时的操作类似于暂估材料调整价差程序。

22. EPC项目可不可以有甲指分包？

EPC项目不应该有甲指分包，因为总承包方即为设计方，业主方不容易掌握设计方案，贸然安插甲指分包，成本不容易控制，而且容易打乱总承包方的项目管理思路。

23. EPC项目编制施工图预算时，图纸范围之外的施工方案及其措施费用的合理性和经济性由谁负责？

EPC项目没有设计变更一说，只有业主方变更，所以施工期间无论措施方案如何调整和改变，竣工结算阶段费用也不会调整。如果有业主方变更，合同范围之外的施工方案及其措施费用的合理性和经济性由承包方负责编制，发包方审核。

24. EPC项目编制施工图预算时，大量的材料价格如何确定？

EPC项目在设计方案投标时已经报价，有的项目材料样品已经确定，截至施工图阶段应该已经签订 EPC 项目总承包合同，编制施工图预算就是一种对合同内容的补充形式，因为总价不再改变，变动和调整的只是工程量、综合单价、综合取费等分项内容，总承包方在采购材料时一定会按市场价格进行询价，不会再有材料二次招标的问题。如果对合同约定可以调整单价差的材料进行采购，总承包方可以邀请发包方进行共同议价，以确认最终的材料结算单价。对于合同中已经约定品牌、规格、型号但施工期间无法采购到的材料，甲、乙双方可以通过协商（洽商）形式进行材料变更，原则上以不突破原合同材料单价为准，但也不应大幅度低于原合同材料单价。如果材料变更幅度超过了某一方的承受能力，就应该以材料变更形式加以说明，并在结算期间重组清单项目综合单价，如果双方一致认为材料更换品牌、规格、型号不会引起清单项目综合单价发生变动，结算期间工程审核方不能自作主张对甲、乙双方都没有提出的材料变更自行提出第三方的无理变更要求。

25. EPC 项目专业分包工程是否可以再行公开招标？

EPC 项目专业分包无论是采用招标或者不招标模式进行，招标方只能是总承包方，而不能是其他项目参与方，包括业主方在内的单位都无权干涉总承包方的专业分包招标工作。

EPC 项目管理模式对业主方而言就是"大撒把"项目管理模式，国外项目签订总承包合同后，连业主方的人影都见不到，业主方更关心的是项目竣工后的效果、使用功能的完善，不会关心项目的分包方是哪一家，更不会甲指分包，也不会插手总承包方的各项管理措施，包括分包招标。

26. EPC 项目最终竣工图纸与施工图设计之间的差异之处由谁审核并承担责任？

因为编制最终竣工图纸与之前施工图设计的一方都是总承包单位，所以 EPC 项目最终竣工图纸与施工图设计之间的差异无论有多大，总承包方都是无法摆脱设计责任的主体，由于图纸偏差责任在总承包方，所以图纸偏差导致的经济损失自然无法得到补偿（除非是业主方要求的图纸变更）。竣工图纸只是作为留存资料，若业主方愿意审核可以看上几眼，如果感觉没有必要，项目竣工结算后可以直接将竣工图纸锁入柜中。

27. EPC工程合同如约定为固定总价合同，是否以投标报价作为结算价款不做调整？发包人变更部分价款如何结算？发包人变更部分价款是否含在投资限额之内？

EPC工程合同本质上就是固定总价合同，如果合同条款内没有可调整的内容，加之没有发生业主方变更，就以合同价格作为结算价款不做调整，但EPC工程合同签订前，业主方有要求总承包方对报价打折让利的权利请求。

发包人变更可以在合同条款中约定计价的原则，组价原则可参照费率合同模式。

如果是小项目，发包人变更部分价款是可控的，在投资限额之内很容易控制；如果是大项目，可以通过增减部分功能或降低建筑材料档次来调整工程造价，以满足投资限额需求。

28. EPC工程合同如约定为固定总价合同，同时又以施工图预算作为结算依据，施工图预算高于或低于签约合同价款时如何处理？

既然EPC工程合同约定为固定总价合同，结算时不发生变更就应以合同价款作为结算价，不知道为什么又要以施工图预算作为结算依据，造成施工图预算高于或低于签约合同价款这种无中生有的争议，整个就是对底层逻辑的颠覆。如果发生业主方变更，在合同价款不变的基础上，应对变更项目进行增减的调整。

29. EPC项目有没有控制价？有控制价如何操作？

EPC项目管理模式基本没有控制价，如家装、写字楼内的办公室二次装修，笔者参与过上千次这类项目的商务谈判，商谈的目的除了了解现场情况、直接与业主对接设计思路外，更多的是想探听业主的资金情况（也就是想用多少钱完成这个项目），但90%的概率是无功而返。探听不到业主的心理价位再正常不过，其原因为：

（1）没有人会轻易透露自己口袋里到底有多少钱。

（2）如果事先得知业主的心理价位，如2000元/m²，那么设计成本绝对不会超过1500元/m²，在之前就把设计思路给截断了，出不来好的设计方案。

有些人可能会问：没有底价，让看房的人如何设计？看房的公司都是身经百战的行家，结合业主公司的名字（经营范围）、租房（或购房）的地段等因素判断业主的实力后，加之看房时与业主方沟通的内容就可以选择设计方案。

又会有人接着问：设计方案出来后，有的报价3000元/m^2，有的报价1000元/m^2，业主应该如何选择？业主方更加精明，他们会找来报价1000元/m^2的装修方，拿着3000元/m^2的设计方案问他们报的价能否实施图纸内容，正因为害怕设计方案被盗用，所以设计方介绍设计方案时都是拿着电脑、对着屏幕演示，之后夹起电脑就离开。所有谈判的信息如果业主方不能装进脑子里，就只能等下一次沟通时继续加深记忆了，总之他们得不到任何书面文件包括报价，装修方连PDF版本都不提供，最多是一张模糊的图片，只能看清数字，至于文字内容只能自己慢慢猜。

财政投资项目还在沿用传统的清单报价模式，就是先确定控制价。说到此笔者不禁要问：连设计方案都没有的项目，何来的招标控制价，说白了还是拍脑门想出来的价格，有人解释是根据指标测算出来的，不管怎么说，如果投标方确定了招标控制价，操作起来就更加简单了。如同有人要买入8000元的电脑，到了商家这里让其组装一台，这时商家会面临3种选择：

（1）买方对所有的硬件配置做了要求，当卖家对着配置要求计算成本后发现硬件成本价达到7900元，给自己留下的就是100元的组装费。

（2）买方只提了使用要求，对硬件技术指标需求没做任何解释，这时卖家就面临一个选择，客户是内行还是外行？如果是内行，硬件随意报个三四千元的配置价，客户出门后就再也不会回头了，最为稳妥的是为自己留下1000元的组装费，为客户选择7000元的硬件配置，即使当时没有达成一致意见，也许之后客户还会有返回的可能。

（3）买方对部分主要硬件配置做了要求，这时商家的报价首先要将做了要求的硬件成本固定下来，然后再与客户沟通其他硬件的配置方案，总之，组装费低于500元肯定做不成这笔买卖。

财政投资就如同购买电脑的客户，规定了总投资的上限，投标人要固定的就是利润的下限。如面对1000万元的财政投资项目，投标方想获取20%的税前利润（因为税金占9%，税前20%的利润，净利润也就是10%左右），投标方的设计方案就要考虑工程成本+风险系数≤800万元。从而可以解释一个提问：该项目采用EPC项目管理模式，但是中标总价和实际预算价格差别过大，预算价格超出中标总价很多，是否可以找业主方重新核定单价？

回答这个问题又回到卖电脑的问题，商家在已知客户钱包里资金的前提下，选择的硬件配置成本超过了8000元，这完全就是商家的失误，与客户没有关系，要求客户增加费用属于无理要求。

同理，业主方拿着3000元/m²的设计方案要求承包方用1000元/m²的价格实施，如果承包方做出了承诺，就要努力实现承诺的目标。承包方不能错误地理解为业主方出的图纸，到结算时就可以进行索赔，业主方在这个项目上虽然颠覆了投标方的设计方案，但项目性质仍然属于EPC项目管理模式，原则依然是：设计方案中标；总价固定包死。模式确定了，操作原则和程序自然确定了，之后改变不了。

当初为了中标报了一个低于成本的价格，之后想翻盘索赔，家装也许可以，但财政投资没有可能。

30. EPC项目管理模式适用于什么样的工程？

许多人说公路项目应该实施EPC项目管理模式，其实都是误区，真正应该实施EPC项目管理模式的工程特点是：单一性的工程项目，如展厅、场馆、厂房、广告类项目、市政附属设施等，而不是类似公路、公寓楼、别墅等这类图纸单一，而且大批量产出的项目。EPC项目管理模式因为刚起步，在国内采用该模式的项目不宜过大，如跨江跨海大桥、水电站等动辄成百上千亿元的投资项目，不是一个总承包方以一己之力能够组织实施的工程，有些项目甚至要运用军用设备进行辅助施工，这类项目不适合采用EPC项目管理模式。国内的EPC项目最好定位在1亿元投资规模以内，其中400万元以内的项目应该全面推行EPC项目管理模式，让业主方真正实现对项目放手不管，合同金额即结算金额可以降低许多项目结算成本，如无休止的工程审核争议等。

以上各条都是对EPC项目管理模式技术层面的探讨，真正的EPC项目管理模式除技术内容外，更是体现信任、展示格局的交易模式。

第2章 案例成本

03 对低于成本价报价的判定

现在许多地区为了防止最低价中标模式下投标人肆意压价甚至低于成本价报价的行为，在避免整个工程项目出现巨大风险的前提下，出台了类似"即日起投标报价下浮超过10%，认定为异常低价"的文件量化说明，这个说明在实际操作时为评标人增添了许多工作量。

如果文件中的报价下浮超过10%仅针对投标总价还容易评判。但只评总价偏差没有意义，判断是否低于成本价要从清单项目综合单价入手，如果要对每一项清单项目综合单价进行评定，评标人首先要把招标控制价与各投标人的投标报价导入一张表格中，然后通过软件计算程序，筛选出各投标方投标报价中与招标控制价负偏差＞10%的清单项目并标记颜色（或符号）。如果招标文件规定，只要出现一项不合格的报价清单项目即为废标，那么评标人要对着屏幕中几十列投标报价——翻看，最终评标结果可能出现合格投标人不足3家的情况。

这不是想象出来的笑话，而是要通过这个文件探讨一下评标人如何对"低于成本价"这个概念进行量化。官方文件的这种操作逻辑完全是依靠机器在完成评标工作，并不能客观地评选出合格的投标人，即便是把清单项目综合单价评选细化到直接费价格评选，因为是机器逻辑在评标也无法实现公平、公正。针对该问题可以举例说明：

某施工方接到发包方付款通知，要求施工方开车去发包方仓库中提取100t水泥以抵扣5万元工程款。面对这种不平等的付款方式，如果施工方坚持要现金，可能等上十年、八年，最终就算拿到钱还不够这些年的利息，水泥虽然不能直接当钱花，但这类常用实物建材对于施工方而言拉到自己库房就是资产，于是也就同意了这笔付款的要求。

正好有一个100万元的工程项目水泥用量约100t，如果投中这个标，这100t水泥就有了去向，但是这个项目竞争对手很多，如何能战胜对手，最终决策就是打价格战。在分析完正常成本之后，公司决策层宣布，水泥材料价格按2折报价。水泥有严格的保质期限，拉回来时还有100天保质期，现在已经在库房存放了50天，这个标不中，100t水泥无处使用，过了保质期限还要当渣土消纳，这一来一去就不是5万元的损失了，因此使用水泥打折报价的经营方式来战胜对手。

这个案例算不算故意低于成本价报价？针对这个特定的投标方不应该算低于成本价报价，虽然投标方财务账面水泥单价是500元/t（忽略增值税、进项税因素），但是过期的水泥等同于建筑垃圾，其价值为负数，现在按成本价2折报价，财务账面上一定体现为低于成本价，但从公司经营角度分析，这种投标策略并非低于成本价的报价失误。

判定投标人的投标价格低于成本价应该由人来操作，其中一个过程非常重要，那就是投标人能否合理解释价格组成因素。作为有经验的评标专家看到案例解释后应该可以理解投标人的心情和愿望。

04 市场化清单报价的成本分析

现阶段房地产市场上模拟清单日趋流行，因不受清单、定额相关规定的束缚，编制规则又由自己制定，所以备受业主青睐，并由此衍生出"市场模式带价清单"，重计量的"市场模式模拟工程量带价清单"，业主真正成为"以我为主，我说了算"的规则制定者角色。

市场模拟清单如何报价，最主要的还是做好成本预测工作，即计算好未来实际可能产生的成本。当然，成本的话题很大，涉及面很广，因篇幅有限，不能一一说全。在此仅以一面分户墙的装修做法，分享不用定额的情况下市场模式的人工、材料、机械费成本分析方法。

1.某设计图纸分户墙

某设计图纸的分户墙信息如下：

（1）混凝土墙净长度：1.60m；

（2）加气混凝土砌块墙净长度：2.00m；

（3）墙净高：2.85m。

如图2-1所示。

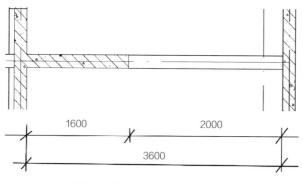

1600　　　　　　2000

3600

图2-1　某设计图纸分户墙示意图

2.市场模拟清单装修做法

（1）分户墙市场模拟清单装修做法见图2-2。

分户墙中加气混凝土砌块墙做法如下：
 1. 面层用户自理；
 2. 4mm 厚抗裂砂浆，内压玻纤网格布（120g/m²）；
 3. 分户墙每面 15mm 厚无机保温砂浆；
 4. 10mm 厚 1：3 水泥砂浆（商品砂浆）与结构墙找平（砌块墙两侧各缩尺 10mm，仅用于后砌墙）；
 5. 刷建筑胶素水泥浆一遍，胶水比为 1：4；
 6. 墙面基层处理。

图2-2　加气混凝土砌块墙工艺做法

（2）分户墙市场模拟清单装修做法分解图见图2-3。

3.成本考虑的材料工程量

分户墙装修成本考虑的材料工程量见图2-4。

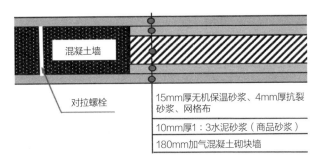

图2-3　加气混凝土砌块墙工艺做法分解图

序号	分部项名称	单位	计算式	工程量	备注
1	混凝土墙螺栓孔堵橡皮塞	m²	1.60×2.85	4.56	竖向4～5根，横向4根
2	墙面毛化处理	m²	3.60×2.85	10.26	
3	10mm厚1：3商品砂浆	m²	2.00×2.85	5.70	
4	15mm厚无机保温砂浆	m²	3.60×2.85	10.26	
5	4mm厚抗裂砂浆、网格布	m²	3.60×2.85	10.26	

图2-4　分户墙装修成本考虑的材料工程量

装修工程量考虑的成本因素：

（1）抹灰清单、楼地面清单的项目特征中，均没有踢脚线特征描述。故，如遇有门窗洞口、空圈，在报价时应考虑门窗洞口、空圈侧壁所增加的工程量的成本因素，不能按原有定额思维。

（2）楼面为地暖楼面（20mm厚聚苯板保温，50mm厚C20豆石混凝土保护层，合计70mm厚）。如为重计量结算，应考虑审计要扣除其抹灰高度的准备，应综合考虑其成本因素。

（3）二次结构部分不在本书表述范围内，虽是题外话，但也有必要提示一下清单"砌块墙两侧各缩尺10mm"的描述：

1）重计量结算的合同，需有审计按180mm厚计算工程量的准备。故，市场模式报价就不能再按原有定额思维（图2-5）；

2）非重计量的，墙的厚度是按180mm、190mm还是200mm考虑成本？应根据施工部署及施工公司的习惯确定。

A.3 砌筑工程

1. 砌块墙图纸宽度与砌块尺寸不同时，计算工程量的墙宽应该按哪个尺寸计算？例如：图纸中墙宽 200mm、实际砌块宽 190mm，图纸中墙宽 100mm、实际砌块宽 90mm，应按哪个尺寸计算？

答：除标准砖砌体以外的砌块以图示尺寸为准。

图2-5　砌块墙定额计算规则（河北定额）

4. 主材成本分析

分户墙装修主材成本分析：

（1）混凝土墙按对拉螺栓孔采用橡皮塞考虑（图2-6），如采用发泡剂应另行估算。对拉螺栓排列见图2-7。

混凝土墙螺栓孔堵橡皮塞：4.56㎡

序号	主材名称	单位	用量	除税单价（元/个）	合价（元）	折合（元/m²）	备注
1	橡皮塞	个	16～20	≈0.05	0.90	0.20	0.90 ÷ 4.56 ≈ 0.20

图2-6　橡皮塞成本

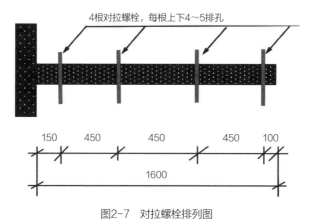

图2-7　对拉螺栓排列图

（2）墙面基层处理：清单特征为"刷建筑胶素水泥浆一遍，胶水比为1∶4"，但实际施工采用的是"墙面毛化处理"，故成本不能按清单描述考虑（图2-8）。

墙面毛化处理：10.26m²

序号	主材名称	单位	用量	除税单价（元/kg）	合价（元）	折合（元/m²）	备注
1	水泥	kg	25	0.38	9.50		实际施工差异很大，一般材料成本约1.5元/m²
2	胶水	kg	2.5	2.80	7.00		
合计					16.50	1.61	16.50÷10.26 ≈1.60

图2-8　墙面毛化处理材料成本

（3）加气混凝土砌块墙墙面找平按10mm厚考虑，应考虑如下损耗率因素：

1）抹灰厚度到底是多少？应根据施工部署及施工公司的习惯确定；

2）由于加气混凝土砌块墙墙缝较大，尤其是墙反面高低不平，砂浆用量应考虑此因素，同时考虑施工公司的砌墙质量因素（平整度、垂直度等）；

3）墙面管槽、线盒、孔洞等修补用砂浆；

4）商品砂浆灌车方量不足；

5）阴阳角护角砂浆的强度增加费用；

6）施工损耗（落地灰）、施工管理因素。

综合以上因素（含门窗侧壁因素），损耗率按约15%考虑：$5.70 \times 0.01 \times 1.15 \approx 0.066\text{m}^3$（图2-9）。

10mm厚1：3商品砂浆：5.70m²

序号	主材名称	单位	用量	除税单价（元/m³）	合价（元）	折合（元/m²）	备注
1	1:3商品砂浆	m³	0.066	490.0	32.34	5.67	32.34÷5.70≈5.70

图2-9　门窗侧壁材料成本

（4）15mm厚无机保温砂浆。

1）保温砂浆的抹灰厚度应按自身管理水平综合评估，即混凝土墙面的质量，如平整度、垂直度情况，15mm厚能否覆盖等；

2）着重注意保温砂浆的松散系数（0.7为本案例实际用产品的试验数据），即1m³干料抹灰后在墙上的体积为0.7m³（1.0÷0.7≈1.43）。此材料差异极大，各地情况不同，应通过试验获取一手数据，并不断积累、收集（图2-10）。

（5）4mm厚抗裂砂浆、网格布（图2-11）。

15mm厚无机保温砂浆：10.26㎡

序号	主材名称	单位	用量	除税单价（元/m³）	合价（元）	折合（元/㎡）	备注
1	无机保温砂浆	m³	0.22	500.0	110.00	10.72	松散系数：0.7

图2-10 15mm厚无机保温砂浆成本

4mm厚抗裂砂浆、网格布：10.26㎡

序号	主材名称	单位	用量	除税单价（元/㎡或元/kg）	合价（元）	折合（元/㎡）	备注
1	120g 网格布	m²	11.5	0.80	9.20		
2	抗裂砂浆	kg	46	0.95	43.70		用量取决于施工管理水平，一般水平约每毫米厚1.00元/㎡
合计					52.90	5.16	52.90÷10.26 ≈ 5.20

图2-11 4mm厚抗裂砂浆、网格布成本

5. 人工、机械费、辅材成本分析

（1）人工费

目前市场上的习惯做法是内抹灰包给班组（包工头）的单价为整栋楼一个单价，即只要不是块料面层，无论抹的是什么，均为一个单价。像这样的墙面，既有抹灰，又有抗裂砂浆、网格布，因在整个抹灰中占比不大，虽然用工略大，但已包括在班组的整体合同水平中。

（2）小型机械（机具）费

大部分的市场化清单，机械费实行总价包干。如小型机械不在包干总价内，则结合施工部署，按部署的投入综合考虑。

目前市场上的习惯做法是一般的木工机械、钢筋机械、砂浆机械（商品砂浆则无须砂浆机械）均为班组自带，小型机械费已包括在班组劳务费中，除了水电费用，真正发生的小型机械费已经很少，相反施工现场材料二次搬运机械用量越来越大，在预期的8年或10年之后，无人机运送材料的场景可能会出现在某个建筑工地上。

如觉得把握不准，就用最简单的办法：结合施工部署的投入，参见定额换算、估算，最后根据机械费总价和投入量的折旧进行综合评估，对比后再进行微调。

（3）辅材费

同样，按市场上的习惯做法，支模板、绑钢筋的工具用具、零星辅材费（如铁钉、铁丝、隔离剂、海绵条、对拉螺栓等）已包括在班组劳务费中，可计入成本大幅减少。辅材费参见企业数据库，按公司水平综合考虑。如觉得把握不准，也可按施工部署，参照定额水平换算、估算，最后根据辅材费总价进行微调。一般高层、小高层毛坯住宅楼的辅材费报价，折合单位面积价格为 $3.0\sim4.0$ 元/m^2（不含水电费）。

6. 措施费、综合费用分析

（1）措施费

1）目前，市场模式清单大多实行措施费单价包干，措施费包括：环境保护费、安全文明施工费、临时设施费、排水费用、冬雨期施工增加费、夜间施工增加费、大型机械进出场费、垂直运输费、超高施工降效费、二次搬运费、成品保护费、脚手架费用、甲供材采保费、检验试验费、工程排污费、工程水电费等其他费用。

2）项目实际情况不同，措施费变化很大，措施费成本不在本书中分析，避免误导读者。

（2）综合费用

综合费用计费基数各有不同，有的清单以直接费为计费基数；有的清单以人工费为计费基数；有的清单以人工费＋机械费为计费基数。

1）综合费用包含哪些项目，首先遵循招标文件，可采用排除法，即：除包干的措施费以外的全部费用，如管理费、规费、利润、施工期内价格上涨风险费等。

2）综合费用的确定应按企业数据库先进行综合估算（总成本不在本书表述范围），即：综合费用＝总成本－直接费－措施费；然后根据清单的计费基础总额，反推分摊；最后做综合调整。

3）综合费用是个系统工程，涉及面极其广泛，各公司管理水平各不相同，不在本书表述范围。

7. 报价汇总与报价

通过上述分析后，将做成报价汇总（图2-12），然后将报价数据填入业主的投标格式内。

序号	分部项名称	单位	工程量	费用					直接费合计（元）	综合费用（元）	税金（元）	总价（元）
				人工费（元/m²）	主材费（元/m²）	辅材费（元/m²）	机械费（元/m²）	直接费小计（元/m²）				
			1	2	3	4	5	6=2+3+4+5	7=1×6	8=7×?%	9=(7+8)×9%	10=7+8+9
1	墙面基层处理	m²	4.56	—	0.20	—	—	≈0.20	0.91	暂不表述		
2	墙面毛化处理	m²	10.26	—	1.61	—	—	≈1.60	16.42	暂不表述		
3	10mm厚1∶3砂浆找平	m²	5.70	—	5.67	—	—	≈5.70	32.49	暂不表述		
4	15mm厚无机保温砂浆	m²	10.26	—	10.72	—	—	≈10.70	109.78	暂不表述		
5	4mm抗裂砂浆、网格布	m²	10.26	—	5.16	—	—	≈5.20	53.35	暂不表述		
6	【综合人工费】	m²	10.26	18.00	—	≈2.50	≈0.40	≈21.00	215.46	暂不表述		
合 计									428.41	暂：0.0	38.56	466.97
折合平方米单价： 466.97 ÷ 10.26 = 45.51元/m²												

图2-12　成本报表

某业主原清单格式见图2-13、图2-14。

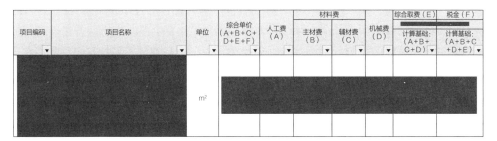

图2-13　清单计价明细

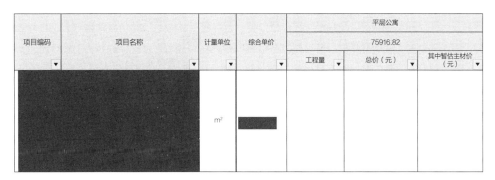

图2-14　清单报价汇总

8.结论

不用定额的市场模式清单报价，成本就是永恒的话题。造价人员需彻底改变唯定额、唯软件，脱离现场、脱离施工、脱离市场的痼疾，加强工作的参与深度，了解工程动态、熟悉施工方案、知晓工艺流程、掌握市场行情、深谙公司成本数据库，才能很好地把握自身成本。

05　图纸乳胶漆遍数不明对清单编制的影响

对于规范、规则、政策的把握，是咨询公司、事务所中工程造价人员最大的强项。仔细推敲他们的审核理论有点"清单计价中的定额思维现象"。笔者通过一个案例来讨论该问题。

1.乳胶漆的涂刷遍数与成本的关系

讨论乳胶漆是刷二遍还是三遍的话题争议来自于定额。各地区的定额都有相应的乳胶漆子目，定额的子目一般为二遍涂刷（含腻子，但也有的不包括腻子，如山东、北京等地区的定额），很多省份的定额另有"每增减一遍"子目（如河北、山东定额，见图2-15、图2-16）。

B.5.4.2乳胶漆

工作内容：清扫、磨砂子、找补腻子、刷乳胶漆

定　额　编　号	B5-296	B5-2967
项目名称	乳胶漆	
	二遍	每增减一遍

河北定额

图2-15　河北定额子目名称

从河北定额中可见，每增加一遍，直接费约3.60元/m²，这仅是定额直接费，尚不包括定额人工、材料的单价调整及各类费用的取费。如加上取费，则总价在5.0元/m²以上。

工作内容: 刷涂料一遍					计量单位:10m²

定 额 编 号		14-3-11	14-3-12	14-3-13	14-3-14
项目名称		室内乳胶漆每增一遍		天棚	零星项目
		光面	毛面		
名称	单位	消耗量			

山东定额

图2-16　山东定额子目名称

为了更精确地分析乳胶漆定额子目内的消耗量,表2-1、表2-2中列举了北京市2001预算定额与北京市2012预算定额中关于乳胶漆定额子目内消耗量的变化。比如,北京市2012预算定额中人工消耗量相比北京市2001预算定额增加了3.41%,以油工工资400元/工日市场价为例,0.046工日/m^2×400元/工日=18.4元/m^2,0.048工日/m^2×400元/工日=19.2元/m^2,乳胶漆人工平方米单价基本符合市场价要求。

北京市 2001 预算定额　　　　　表 2-1

清单项目工料机分析表

清单编码: 020507001050　　　　　　　　　　　　　　第 112 页　共 159 页

计量单位: m²　　　　　　　　　　　　　　　　　　　清单数量: 1

清单名称: 刷喷涂料天棚乳胶漆二遍(14-754)　　　　　　综合单价: 10.04

序号	编号	名称	单位	数量	单价	费用单价
1		人工费	元			4.08
	82007	综合工日	工日	0.046	87.9	4.04
	82013	其他人工费	元	0.04	1	0.04
2		材料费	元			2.73
	84004	其他材料费	元	0.03	1	0.03
	11205	水性封底漆(普通)	kg	0.155	4.8	0.74
	11272	乳胶漆	kg	0.343	5.7	1.96
3		机械费	元			0.13
	84023	其他机具费	元	0.13	1	0.13
4		小计	元			6.94
5		现场经费	元			1.01

续表

序号	编号	名称	单位	数量	单价	费用单价
6		直接费	元			7.95
7		企业管理费	元			1.43
8		利润	元			0.66
9		风险费用	元			
10		综合单价	元			10.04

北京市 2012 预算定额　　　　　表 2-2

清单项目工料机分析表

第 112 页　共 159 页

计量单位: m²　　　　　　　　　　　　　　清单数量: 1

清单名称: 刷喷涂料天棚乳胶漆二遍（14-754）　　　综合单价: 12.05

序号	编号	名称	单位	数量	单价	费用单价
1		人工费	元			4.22
	870003	综合工日	工日	0.048	87.9	4.22
2		材料费	元			4.43
	110272	乳胶漆	kg	0.42	7.9	3.32
	840004	其他材料费	元	0.08	1	0.08
	110216	油性透明漆	kg	0.9	0	0.00
	110207	水性中间层涂料	kg	0.261	0	0.00
	110205	水性底层涂料	kg	0.1545	6.7	1.04
	110234	油性涂料配套稀释剂	kg	0.042	0	0.00
3		机械费	元			0.17
	840023	其他机具费	元	0.17	1	0.17
4		小计	元			8.82
5		现场经费	元			1.01

续表

序号	编号	名称	单位	数量	单价	费用单价
6		直接费	元			9.83
7		企业管理费	元			1.43
8		利润	元			0.79
9		风险费用	元			
10		综合单价	元			12.05
	人工费差额	3.41%				

装修住宅楼的内涂料含量占建筑面积的比例为3.3～3.5倍（顶棚、墙面合计），折合3.5×5元/m²>17.0元/m²建筑面积（河北定额，单价较低，各省份的定额各有不同，北京市乳胶漆定额基价比河北省高）。正如成本控制理论所说"对价格影响较大"，刷乳胶漆综合单价不是很高，但在工程项目中工程量较大，而且具有通用性的特点。建立这种成本意识，对培养成本控制能力有着非常重要的意义。

2. 略有差异的图纸设计

现实工程中图纸设计不明确的现象很多。笔者随机调研了一些同行，由于设计单位的习惯不同，设计略有不同，有乳胶漆刷二遍的、有乳胶漆刷三遍的、有设计说明是一底二面的、不明确的也有（图2-17～图2-19）。但本质上大同小异，有些表达比较随意，有些比较严谨罢了。

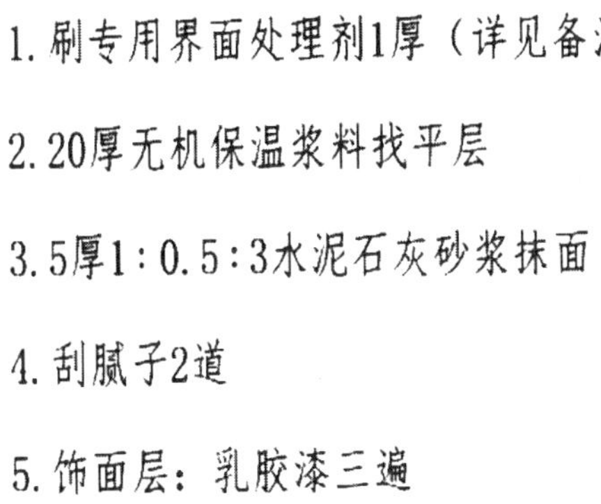

1. 刷专用界面处理剂1厚（详见备注14条）

2. 20厚无机保温浆料找平层

3. 5厚1:0.5:3水泥石灰砂浆抹面

4. 刮腻子2道

5. 饰面层：乳胶漆三遍

图2-17 乳胶漆三遍

1.饰面层：乳胶漆三遍，底漆一遍，面漆二遍

2.刮腻子2道

3.5厚1:0.5:3水泥石灰砂浆抹面

4.15厚1:1:6水泥石灰砂浆打底

5.刷专用界面处理剂1厚（混凝土墙面用I型，加气混凝土墙面用II型）

图2-18　乳胶漆三遍，底漆一遍，面漆二遍

1）涂刷内墙乳胶漆二遍（有水房间为耐水涂料）

2）2～3厚柔性腻子分遍批刮，磨平

3）6厚1:0.5:3水泥石灰砂浆找平

4）9厚1:1:6水泥石灰砂浆

5）配套基础处理（混凝土墙体甩毛，砌块墙不处理）

6）基层墙体

图2-19　乳胶漆二遍

3.乳胶漆的涂刷遍数与定额计价工程成本的关系

乳胶漆涂刷不同的遍数对定额计价工程成本影响很大。如图2-17中的三遍乳胶漆，预算套定额时必定再套一个"每增减一遍"子目。而图2-18（在图2-17～图2-19三张图中）是最规范的乳胶漆工艺描述，描述中的后2句话（底漆一遍，面漆二遍）是对前面一句话的解释（并不是叠加关系），施工方一般会按涂刷三遍乳胶漆计价。作为一般住宅楼室内的普通涂饰，都是这样涂刷三遍乳胶漆的设计方案，之所以看到的乳胶漆设计工艺五花八门，是因为装修设计大部分是艺术专业毕业生所做的，他们对工程的工艺做法不是很明白，装修设计追求的只是效果而不是工艺、工序的科学性。

（1）乳胶漆三遍实际是规范的工艺，其中第一遍是底漆（也叫抗碱封闭底漆），如果大面积涂刷，则底漆的材料单价要低于面漆的材料单价，施工方自然会选择用低价的底漆做一遍涂刷。

（2）为什么我们看到的内墙刷普通乳胶漆不分底漆、面漆，主要原因有：第一种可能是一桶（18L）乳胶漆能刷100m²左右的墙面，一桶乳胶漆按规范（三遍）涂刷能刷30～35m²的墙面，我们所说的涂布率0.33kg/m²就是这样测量出来的乳胶漆消耗量。如果刷150m²墙面，买2桶底漆用不完浪费半桶，不如直接买5桶面漆，三遍都刷成面漆材料。第二种可能就是面漆材料不是用的高档乳胶漆，底漆、面漆一桶差不了几十元，一次都按面漆材料进货还容易管理。

（3）内墙涂料与外墙涂料材质不同，外墙要有专门的底漆，外墙涂料为油性材质，也就是能耐水。专门耐水抗渗的底漆在定额中也有消耗量体现（图2-20）。

编　号			A15-91	A15-92	A15-93	A15-94
项　目			外墙喷丙烯酸凹凸复层装饰涂料		外墙 AC-97 弹性涂料	
			清水墙	抹灰面	清水墙	抹灰面
基　价（元）			**3317.12**	**2706.27**	**1899.42**	**1350.79**
其中	人　工　费		1312.00	1024.00	1088.00	640.00
	材　料　费		1937.12	1614.27	811.42	710.79
	机　械　费		68.00	68.00	—	—
材料	名　称	单位	单价（元）	数　　量		
	白水泥	kg	0.71	300.000	250.000	40.000	34.000
	抗碱底涂料	kg	15.73	30.000	25.000	—	—
	凹凸复层涂料	kg	12.01	84.000	70.000	—	—
	二甲苯	kg	8.44	6.000	5.000	—	—
	801 胶	kg	1.42	96.000	80.000	—	—
	封闭乳胶底涂料	kg	15.34	—	—	21.000	17.500
	AC-97 弹性外墙涂料	kg	7.95	—	—	55.000	50.000

图2-20　外墙涂料定额

所以，对于内墙乳胶漆而言，体现环保是其首要要求；而对于外墙涂料而言，耐水、抗腐蚀性强、不掉色是检验材料质量的标准。

下面再解释一下规范中乳胶漆涂刷遍数的问题：

（1）三遍的设计方案，二遍的施工已达到或超过规范标准，就无须再涂刷第三遍；

（2）二遍的设计方案，没有满足效果要求，还得继续涂刷第三遍。

乳胶漆无论涂刷几遍，肉眼是很难看出涂刷遍数的，衡量乳胶漆涂刷是否合格的唯一办法就是靠检验人员观察，漆面不平整、流坠、起泡等都是乳胶漆验收时常见的质量通病，之所以出现这类问题，除人工技术水平原因外，材料的质量也是重要原因，如乳胶漆兑水太多，在增加涂布率的基础上，也增加了如流坠这样的质量风险，而且同样是完成一遍的涂刷工序，质量好的乳胶漆看上去饱满、有质感，而质量差的乳胶漆则显得非常单薄，质量好的乳胶漆刷二遍就可以达到观感要求，质量差的乳胶漆刷三遍看上去还有色差，不得不再补刷第四遍。

乳胶漆这道工艺实际上是由腻子找平＋刷乳胶漆两道子工序组成，腻子找平是指2遍耐水腻子找平，第二遍腻子找平后要进行砂纸打磨，之后刷三遍乳胶漆。人工成本约为：腻子找平每一遍10元/m²，砂纸打磨4元/m²，乳胶漆一遍5元/m²，整个工艺人工成本为35～40元/m²，墙面成本略低于顶棚。公寓、别墅、会所、酒店等中高档装修区域，乳胶漆综合单价现在报价为55～60元/m²，乳胶漆的人工、材料成本比例为4∶1。

乳胶漆的涂刷遍数与成本存在关系，但不是正比例关系，虽然说每刷一遍乳胶漆人工成本为5元/m²，但是少刷一遍乳胶漆就需要在材料品质上增加一个档次，平时用300元/桶的工程漆，少刷一遍还要保持相应的观感质量，乳胶漆可能就需要采购500～600元/桶的"五合一"环保漆了。

由于定额计价讲的只是静态的消耗量，而不是动态的成本。所以从成本的视角来看，设计完全没有必要一定要明确乳胶漆是涂刷二遍还是三遍，关键是观感效果是否能达到客户满意。对定额计价的施工方而言，也不用看定额名称里的遍数，而是要学会看定额消耗里的涂布率，也就是定额含量，材料消耗量0.33kg就是刷三遍的用量，也许定额名称里写的只是二遍。

4. 怎么认识清单与定额之间的关系？

与静态的定额计价不同，清单报价是动态的计价模式。它属于全面成本管理的范畴，要求投标人注重工程单价的分析（成本分析），根据市场行情并结合自身实力（成本）进行报价，综合单价中反映出完成该合格工程的实物消耗量和有关费用。对于动态模式的清单，基本特征具备了，按完成的产品符合规范要求的条件报价，设计的遍数就没有那么重要了。所以，清单报价与遍数无关，与成本有关。

由此可见，对于动态模式的清单"在图纸不明确的情况下，需要与设计、建设单位沟通予以明确，对价格影响较大"的说法并不完全正确。其根源就在于，将静态的定额计价与动态的清单计价混为一谈了。

那么，在图纸不明确的情况下，该如何处理呢？最好的办法就是在黑白两个绝对的认知之间采用灰色认知，即：批腻子＋涂刷乳胶漆＋符合规范要求。不必纠缠于遍数的多与少，因为：

（1）遍数是结果的条件，基本特征具备了，也就具备了基本的条件；

（2）遍数不是绝对的，绝对的是结果。遍数只是个过程，符合规范要求才是最终的结果，而我们要的就是结果。

5. 结论

其实，能否覆盖并达到规范验收标准，其根本不在于设计的遍数，而在于乳胶漆本身的质量与施工过程中工人的专业素质水平（不论材质，只论遍数是片面的）。

在提倡大数据的当下，清单计价中的定额思维现象依然普遍存在，类似于"清单编制要点"中的遍数纠结普遍存在。在清单报价中使用或参照定额的情况非常普遍，但没有理解"定额反映的是消耗量水平，而非数字本身"含义的，却大有人在。甚至有人还喊出了"如果这样计算，还需要定额来干吗呢？"的唯定额论。

同样的材质"底漆一遍，面漆二遍"与涂刷三遍的尴尬；让5mm抗裂砂浆覆盖直径0.9mm的镀锌网的设计经常出现（只在理论上成立，实际无法做到，更有将抗裂砂浆写成聚合物抗裂砂浆的）。可悲的是，多家特级企业，其中不乏特级总承包资质的大型央企、国企，竟然没有一家在图纸会审时提出质疑。

06 一个成本不到32万元的签证，结算时变成了116万元

这是笔者经手的一个真实案件。

当时预计投入人、材、机成本费用在32万元左右，但凭着这张签证，为弱势的施工方赢回了84万元的利益。具体操作见下文。

1. 事由起因

工程围墙外有一条甲方厂区员工道路和两个配电房，均在塔式起重机回转半径范围内（图2-21～图2-23），业主厂区员工由此道路出入上下班。为求安全，业主要求

搭设防护棚，按会议纪要，业主承诺承担该费用。按业主要求，施工方做了防护方案，获得批准后组织实施。

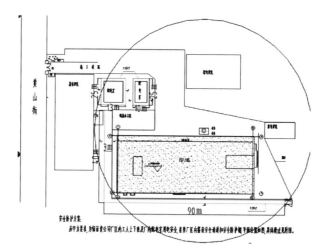

图2-21　施工现场总平面图

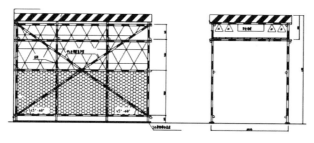

图2-22　防护架立面图

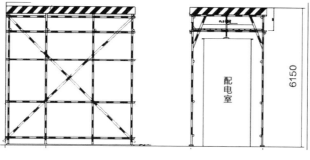

图2-23　防护架剖面图

2. 综合分析，确定方向

按方案图纸计算，实际使用的钢管、扣件、安全网、密目网、脚手板、油漆、部分旧模板、搭拆的人工费、材料运输费等，预计投入的人、材、机费用在32万元左右。

施工方项目部原来的经营思想是，对于这样的小项目，考虑与甲方的关系，要求不能过高，考虑部分损耗及新购木脚手板资金占用的财务成本，能争取到2万~3万元的利润空间即可。问从预算角度考虑有何想法？

按一般预算人员的习惯做法和思维，不外乎计算工程量、套定额，但通道不同于一般的实物工程，通道不是卖给甲方的，投入的费用是固定的，但发生的费用却不固定，其中的周转材料成本与使用时间有关，在投入成本相同的情况下，使用一个月与使用一年是完全不同的两个概念，所以不能完全套定额，更何况有些项目也没有相应的定额子目可执行，相关费用也需协商。

综合考虑防护棚材料的使用情况，周转可回收材料与一次性消耗的材料，搭拆的人工费用等各费用因素，参照当时的信息价与市场行情，笔者判断是：如使用时间＞100天，则租赁形式有利；如使用时间＜100天，则与甲方协商定价有利。

经与项目经理、技术总工协商估算，防护棚使用时间超过4个月（120天），所以决定以租赁形式办理签证。

3. 签证要素

签证单如何编制才可以获取最大利益？根据工程签证的原则与技巧，笔者考虑了如下因素：

（1）何时、何地、何因（明确时间、地点、事由，几何尺寸和原始数据，不笼统地签注工程量和工程造价）；

（2）工作内容；施工组织设计方案（体现人、材、机的含量内容）；

（3）工程量（有数量和计算式，附图）；

（4）时效（有起始日，无终止日，起始日影响租赁费的起算时间，不能拖延）；

（5）填写内容要有利于计价，所描述内容尽量围绕合法计价依据（如定额、政府部门颁发的信息价，这是最关键的环节，防止事件成立后，双方为组价却找不到结算依据而扯皮）的计算规则办理；

（6）站在对方的角度来陈述理由，罗列签证内容，实事求是，签证的描述要客观、准确。

经周密思考，起草了如图2-24所示的签证单。

工 程 签 证 单

编号：××××

工程名称		×××××		项目名称			×××××		
主要事项				×××××厂区内搭设安全通道					
签证内容		应贵司要求，为保证贵司厂区内工人上下班及厂内配电室用电安全，在工地围墙外（厂区内）搭设安全通道和安全防护棚，待塔式起重机拆除后再行拆除安全通道及安全防护棚。××××年×月×日搭设验收完毕，请予确认。所用钢管、扣件、脚手板租赁费按×××市造价信息进入直接费，取费标准、优惠按合同。平面位置、具体做法见后附图								
工作项目				工程量及相关描述					
序号	分部项名称	单位	工程量			合计	协商损耗系数	合计	备注
			大配电室	小配电室	通道				
1	φ48钢管	m	1457	1606	3883	6946	1.1	7640	租赁
2	扣 件	个	914	832	2823	4569	1.1	5026	租赁
3	脚手板	块	643	832	1045	2520	1.1	2772	租赁
4	密目网	㎡	420	456	1172	2048	1.1	2253	
5	安全网	㎡	420	456	658	1534	1.1	1687	一次性消耗
6	装饰板	㎡	25	27	112	164	1.1	180	
7	装饰板调合漆	㎡						163	
8	钢管刷防锈、调和漆各2道	t	7640×3.84÷1000＝29.34					29.34	按定额执行
9	搭、拆人工	工日（10h）	搭170+拆50					220	包干单价：200元/工日
10	运输（5t）	车次	14					14	包干单价：700元/车次

1. 为现场实际发生工程量（见附后计算式）。
2. 应甲方、监理要求据现场实际测量编制。
3. 防护通道顶部为双层45mm厚木脚手板。
4. 防护通道搭设方案见示意图。

建设单位 代表： ××××年×月×日	监理单位 代表： ××××年×月×日	施工单位 代表： ××××年×月×日

图2-24　签证单

签证单随会议纪要、批准的施工方案、工程量计算式一并报送，由业主、监理工程师进行实地验收、复核，因资料详尽、工程量正确，且按对方的思维角度（或者是甲方审核要求）罗列清单签证内容，所有内容属实未虚高乱报，事件清楚，手续完备，所以工程签证单各方很快完成了签字盖章手续并返回施工单位。

4. 签证单的特点

签证对责任方结算做了明确约定：

（1）签证内容，一是"贵司要求"；二是"在工地围墙外"；三是结算方法；

（2）备注中，因信息价中有租赁费，签证时标明了结算按租赁方式结算；

（3）安全网为一次性消耗；油漆有合适的定额，按定额结算；

（4）因没有合适的定额执行，防护棚的搭、拆、运按包干价计算，并明确了单价。

该签证单最大的特点是将工程量签证与工程洽商合为一体，有原因、工程量、起始日期、结算方法、附件（会议纪要、批准的施工方案、工程量计算式），具备了施工方想要达到的各种要素。

5. 突发意外

签证手续办理完成后，工程主体进入封顶阶段，由于甲方手续不全，突然停工，期间因其他公司急用材料，施工方催促多次要求拆掉防护架，但得到的回复总是：请等待！复工手续马上办好了。如此一停就是两年多，复工后经计算，产生直接费116万元左右（图2-25）。如此高的直接费，要是再加上取费、税金，费用更是吓人。

尽管此事属于突发事件，非人为故意，但由于签证明确又合法，为后来的谈判赢得了主动。业主想扣钱都无从下手，只得诉苦商量。经多次讨价还价，最后以116万元让利后的金额谈妥，为公司争取了很好的利益（虽然历经2年，但周围材料除了一小部分略有损坏外，大部分尚可使用）。

假如当时不考虑使用周期的因素，死套定额或谈定一个总价，后期谈判时将非常被动，作为弱势的施工方，必吃亏无疑。虽然签证当时并不可能预知事后的风险，但签证的形式是化解风险的最好条款，因为签证单以租赁形式计价，停工责任被转嫁到了发包方头上。

由此可见，工地上的东西都有其内在关联，没有绝对的独立，预算只有懂得并结合了施工，熟悉了一线作业场景，有了全要素的积累，才能做出预判，风险随时发生，有了预判准备，才能进行预控，正如古人云："不知未来者，不足以谋天下"。

序号	项目名称		单位	数量	天数合计	单价（元）	合价（元）	备注
\multicolumn{9}{c}{XXX工程外厂区安全通道使用费}
01	人工费	搭、拆人工	工日	220		200	44000	
02		防护钢管调和漆	t	29.34		260	7628	
03		防护钢管防锈漆	t	29.34		465	13643	
04		装饰板油漆	m²	163		14.42	2350	
05	材料	租赁费 钢管	m	7640	832	0.012	76278	
06		租赁费 扣件	个	5026	832	0.009	37635	
07		租赁费 脚手板	块	2772	832	0.4	922522	
08		材料运输费（5t卡车）	车次	14		700	9800	
09		密目网	m²	2253		10	22530	
10		安全网	m²	1687		10	16870	信息价
11		装饰板用多层板	m²	180		34	6120	
\multicolumn{7}{c}{合计}	1159376	

图2-25　实际防护架结算表

07　一个预算商务经理不该有这样幼稚的问题

许多从事工程造价的同行，虽然已经有多年的从业经验，可一开口，许多问题还是暴露出概念模糊、基本功不足等，如以下几个问题。

1.问题一：如何正确套取定额？以往套项中经常出现的问题有哪些？（对于施工单位，经常套的定额子目出现错误造成价格低，如何保证在与咨询审计对量核价时套取的定额合理且价格合理）

（1）"对量核价时套取的定额合理且价高"的说法是错误的，在语法上也不成立。既然套取的定额合理，就应是合理的价格，哪有"价高"之说？

如何正确套取定额，取决于对工序、工艺的理解深度。预算人员只有懂得了施工，对定额的理解才会融会贯通，对分部项才能进行有效地分解、组价。套定额价格低多半原因是工序丢项，丢项就等于丢工程量，工程量少价格自然就低，套定额出来的价格看上去就赔钱。

（2）如果能把施工的工序、工艺与定额包括的工作内容彻底结合起来，对于一个清单项目含有的工作内容做到心中有数，定额子目涵盖每一道工序，就不会出现定额的使用错误。如不会结合，说明预算人员基本功匮乏，如最常见的乳胶漆子目，许多人被误导称"乳胶漆子目内已经包含腻子找平工序"，分析该地区的乳胶漆定额子目，发现人、材、机含量为0.5kg/m²，真正的腻子找平工艺要批刮2遍耐水腻子，而且还要进行砂纸打磨，耐水腻子批刮2遍再经过砂纸打磨，厚度基本要达到2mm左右，把1m²墙面上的腻子全部铲除下来质量绝对不止0.5kg，乳胶漆定额子目人、材、机含量0.5kg/m²只是后期腻子的修补消耗量而不是找平层的腻子消耗量。许多人搬出了定额工作内容，让看看说明中解释的乳胶漆子目那页纸上写着"腻子找平"工序环节，如果做了多年工程造价的人还在用定额每页纸上的工作内容来判断定额子目是否包含某道工序的方法来套用定额，那么他的水平永远停留在初级阶段。真正套用定额首先要了解工序和工艺，如果套定额组价的人根本不知道图纸上的构件是如何安装成为实体的全过程，套定额就是在凑数字，一定会离"合理"二字万里之遥。套用定额是通过工艺来分析定额消耗量，从而达到不丢工序、不少量。

（3）我们的追求不是与其他人想法一致，每个人因为所服务的利益主体不同，矛与盾永远不可能统一，我们要做的就是自己有足够的证据和强有力的综合能力将每一道工序搞清楚，把每个工艺做法的人、材、机含量算明白。如施工方预算人员要会利用自己对现场认知的亲近力与审计人员对现场认知的差距作为突破口，纠正他们工序、工艺上的错误，才能取得组价上的主动权。很多工地上的预算人员没有认识到自身的优势，反而把考证作为跳出施工现场的己任，像前文所说的那样，在工地多年却对现场认知模糊，实战经验薄弱、预算脱离实战，缺乏基本功等。

2.问题二：自密实混凝土浇筑子目中未包含混凝土振捣机械设备，与实际施工不符，是否需要补充振捣的工料机？

笔者给出的答案是"不需要"。

自密实混凝土大多用在一体化的钢丝网增强防护层外墙保温系统（图2-26）。自密实混凝土无须振捣，所以定额没有考虑振动器。但如果想深入了解，可以先问问自己，我们为什么要用振动器？

序号	构造简图	构造层	分层厚度(mm)
1	外 1 2 3 内	1. 自密实混凝土	50
		2. 挤塑聚苯板（XPS）	60
			70
			80
			90
			100
		3. 钢筋混凝土	200

图2-26　自密实混凝土

实际上我们使用的混凝土远未达到自密实标准，使用振动器是为了使混凝土达到密实的标准。必须用振动器的混凝土肯定不是标准的自密实混凝土，单价肯定比标准的自密实混凝土要低，这种行为实际属于偷工减料。

再反过来思考，真正灌注自密实混凝土所支护的模板工艺要求更加严格，只要有一点点模板缝隙就会大量跑浆，自密实混凝土支模工艺要求比普通混凝土高很多，幸好混凝土未达到自密实标准，否则支模的人工、辅材成本将远大于振动器的使用费。

自密实混凝土不会用于大体积的混凝土构件中，一般用于防火门框安装完成后填料工序、设备基础二次灌浆、钢板地面空鼓灌浆等。

3. 问题三：旧小区的三改一造项目，清单公共部位楼梯间的工程量合并在一起（图2-27），工程量如何划分？若执行定额亏损严重

（1）工程量：如果没有时间进行较详细地计算，工程量的拆分就要用到经验数据指标，首先评估总的工程量是否较正确：

1）墙面：（楼梯间的内周长×层净高－两扇分户门面积－楼梯间的窗户面积）×所有栋数的总层数，可快速得到大致的墙面面积。

2）楼梯踏步斜顶棚：水平投影面积×一定的系数（因为各地区测算含量不太一致，一般取1.15~1.18）×所有栋数的总层数，可快速得到大致的楼梯底顶棚面积。

3）楼梯间顶层有个顶棚，也需刷新，虽然工程量不大，但需注意对该工程量的估算（楼梯间顶层粉刷成本较标准层高出许多，因为顶层的脚手架难以搭设）。

4	011407001001	项目特征	工程量（m²）
内墙面粉刷		1. 现有墙皮铲除，清除表面杂物并清理干净，垃圾外运。 2. 修补墙面，批腻子两遍3mm厚。 3. 砂纸打磨平整，清理面层。 4. 刷涂料2遍（白色）。 5. 脚手架。 6. 踢脚做法：6mm厚1:3水泥砂浆+6mm厚1:2水泥砂浆抹面压光。 7. 楼梯底施工工艺流程为：现有板底铲除，板底表面清理平整干净，2~3mm厚柔韧型腻子粉刷刮平，刷（喷）涂料2遍（白色）	22135

图2-27　内墙面粉刷清单项目

消防楼梯间施工工艺大致相同，每一层楼梯间的长×宽尺寸也是大同小异，工程量可以用一个较有代表性的楼栋进行较详细地计算，然后利用该数据指标对全部工程的总量进行宏观地评估，最后判断清单的工程量是否正确。在得到较正确的总量的前提下，再进行细化分析：

1）脚手架：脚手架不扣除门窗洞口的面积，所以，简易脚手架的工程量应大于墙面面积。楼梯顶层层高超过3.6m，其量不大，对造价的影响很小，是否考虑，自行确定即可。

2）有些地区的定额踢脚线以延长米计算，有些地区按面积计算，还有些地区楼梯地面定额子目内含有楼梯三角踢脚的含量，清单规范的计量单位是面积单位。按一般的理解，铲墙皮和腻子涂料与墙面抹灰不同，不应与抹踢脚线工程量混在一起，这种清单极其不规范。踢脚线的工程量是否在清单总量以内，需要进行测算，工程量是否另行考虑，视测算数据做出判断。

3）楼梯梯段侧面（也叫"曲附"）部位也要做抹灰、刷涂料处理，如果单独计算此部位的工程量，抹灰可以套零星抹灰定额子目，刷涂料面积可以并入墙面工程量，因为计算墙面乳胶漆工程量时也没有扣除楼梯梯段的厚度尺寸。

（2）执行定额亏损：全国各地区装修专业单纯套用定额的组价，95%的工艺是亏损项目，这是因为定额诞生了50年，人、材、机消耗量没有发生太大变化，而验收规范每一次改版都会使人工消耗量大幅增加。

如果简单地定义为"执行定额亏损"这样的话是错误的，甚至可以说对定额的基本认识都没有做到。定额是死的，人是活的，既然有"不变的是定额含量，变化的是市场单价"这个套定额的定理，在套用定额时，灵活地运用定额人、材、机单价变化就可以避免套定额单价低于成本的问题，很多地区的定额对人、材、机就有可依据市场行情调整的说明（如河北，见图2-28），更何况是清单报价，投标人填报的综合单价完全可以根据清单规范按成本进行自主报价，怎么说执行定额一定亏损呢？至少这话是不全面的。

2. 在报价时，人工单价根据市场行情调整，也可参照建设行政主管部门或造价管理机构发布的指导价调整；材料、机械台班单价根据市场行情或造价信息、所承担的风险情况进行调整；可竞争措施项目按照施工方案计算，消耗量可以合理调整。

3. 在价款调整、结算时，依据省建设行政主管部门的规定、合同约定进行调整。

图2-28　人、材、机单价执行文件

（3）其他因素有待核实：

1）是否要将原踢脚线或墙皮铲除？

注释：如果更换踢脚线，会将原踢脚线及墙皮铲除。瓷砖踢脚线、金属踢脚线更换的概率小于木踢脚线和水泥砂浆踢脚线。

2）楼梯底的顶棚涂料与墙面涂料的人工成本可能略有不同，是综合考虑还是单独考虑？

注释：楼梯底的顶棚涂料可以套用顶棚涂料定额，而墙面涂料则可以套用墙面涂料定额，一些地区的定额故意删除了顶棚涂料定额子目，楼梯底的顶棚涂料则可以借用墙面涂料定额代替。

3）是执行建筑工程修缮定额还是执行建筑工程施工预算定额？

注释：建筑工程施工预算定额拆除工序不全，许多拆除环节可以套用建筑工程修缮定额，虽然许多工程项目名称为"××××××装修改造项目"，但大部分工程项目的性质仍然属于新建工程，因为拆除后相当于对毛坯房重新装修。

4）建筑垃圾的外运是如何考虑的？有没有将渣土消纳费考虑进成本中？

注释：建筑垃圾的外运和消纳成本越来越高，特别是在大城市，今后拆除砌体墙（或混凝土墙）的费用，因为要产生渣土消纳费而变得将要超过新建构件的成本（一线大城市砖渣按质量计算消纳费用为45元/t，装修垃圾按质量计算消纳费用为260~300元/t，对此单价有国家发展和改革委员会文件支撑，并不是仅咨询市场价格）。

5）对施工的措施方案、企业内部成本是否清楚？

注释：咨询公司之所以无法准确编制措施项目清单，是因为他们不参与施工，就不会知道特定工程项目施工方采用的特定措施方案内容，在编制招标控制价时，措施费丢项、错项是经常发生的事件，只有施工方造价人员可以根据本公司技术人员编制的施工组织措施方案对具体可行的措施项目进行补充计价。有些投标人担心任意增加工程量清单项目会废标，从而不敢在措施费项目中增加要补充的措施项目，如果有此担心，可以将单项措施费在分部分项综合单价中体现，如一般材料二次搬运费在招标控制价内都没有计取，在一些如二次结构清单项目、铺地砖、贴墙砖工序中，这类费用占比相对很大，在清单项目综合单价中考虑墙、地砖连同相关结合层、粘结层材料10元/m²二次搬运费（或砌块连同砌筑砂浆50元/m³二次搬运费）也是正确的组价思路。

说执行定额亏损的问题根源就在于不会用定额，为何不按定额说明的"根据市场行情"去调整呢？

像这种需要花费特殊费用完成的清单项目，其实我们应该结合自己的施工部署用总价思维去考虑，不应以单一的单价思维、定额思维来考虑，计算工程成本后得出结论1m³混凝土成本5000元，就直接在综合单价上填报5000元以上的综合单价。像需要事先发生拆除工序的改造工程项目，铲墙皮、拆除墙地砖等工序，套用定额组出的价格一定低于成本100%以上。顶棚、内墙腻子涂料工序，块料拆除套用定额组出的价格很难高于30元/m²，而实际成本已经达到50元/m²以上，这时就可考虑在分部分项清单项目中融入措施费单价以满足拆除成本的要求。

4. 结论

综上所述，无论是成本数据、清单分析还是签证等，无一不与施工和工艺有关，对人员的基本要求就是具有扎实的基本功，否则都是空中楼阁。一个商务经理问这样的问题，有点不应该，但不能说他不行，只能说明其施工的基础不够扎实。

经济指标本就不是什么高精尖的知识，只是在定额基础上的简化程序，对它的理解深度有时取决于施工实践的多少、预算与施工结合的多少、基础知识的深厚程度。所谓"懂施工，预算才会更精"。

08　这个混凝土破拆该不该调整？

低价中标高价结算，利用变更、签证增加造价的话题由来已久。经过多年的博弈、总结和积累，现在的建设方早已形成了一套严密的防范体系，海量的数据库、规范的程序和流程、格式化的操作，使变更、洽商、签证索赔等行为操作越来越难。加上发包方在合同条款中的文字运用，用铜墙铁壁形容工程防护一点不为过。笔者就碰到这样一件事：

1.事件起由

某道路改造工程，清单中的工程量为按图纸设计标高计算的土方，招标文件明确土方统一按四类土考虑。

投标人自行踏勘现场后在投标文件中也明确承诺，按图纸设计标高工程量计入报价，土方类别统一按四类土考虑，今后结算不作调整。

中标后施工方发现实际现场平均标高与图纸不一致，并且还有多处原有混凝土路面要破拆。于是以设计标高与实际标高不符、混凝土路面为障碍物为由，提出土方工程量调整和混凝土路面破拆的签证主张。

2.事件争议点

先看投标的报价条件：按图纸设计标高工程量计入报价。

再看投标书承诺：自行踏勘现场后，土方类别统一按四类土考虑，今后结算不作调整。

施工方的逻辑为"包质不包量"。即：

包土质：即使土方中夹有石头、三合土等，还是按四类土结算；

不包工程量：因为清单明确的量为图纸设计标高的土方量，报价人按图纸设计标高工程量进行报价，所以，工程量的误差不在投标报价范围内。

图纸标高与实际标高不同，按实际发生调整，不存在争议。争议在于混凝土路面的属性。

建设方认为：

混凝土路面不在地下，投标人投标前踏勘现场时已知现场情况，以此作出判断并承诺按四类土计算。故不能签证。

施工方认为：

（1）正因为混凝土路面不是地下的非隐蔽物，招标人亦为已知。已知不告知，说明不在投标范围。如在地下，招标人、投标人均为未知，反而不能提出主张。

（2）投标报价承诺的是土方，原有路面的土方中夹有的石头、三合土，按照投标承诺并未提出增加要求。混凝土路面的属性已发生质的变化，不属于土方范畴。

（3）清单中无此项目特征描述，结合清单规范，应该可以签证。

3. 事件背后的博弈

（1）发包人的问题：发包人的缺陷在于清单描述不严谨。标书都是常规的套路、格式，脱离实际是漏洞的源头所在（也是编标单位的常见病）。

（2）投标人的问题：投标人实地勘察后，认真对比投标文件，发现清单描述与实际有差异，经深思熟虑，决定不提出答疑。因为一旦提出，得到的答复多是"投标人自行考虑"。

如果投标报价报高了，中标概率将大大降低。与其澄清不如装傻，于是来个"难得糊涂"，也是一种大智慧。

背后深层次的原因其实是：投标人报价时已经考虑了这部分因素，只是适当地放低了利润点而已。签证增加造价、增加利润的最高境界是锦上添花，把全部的利润希望压注在签证上，其实对自身的风险也是巨大的。

4. "谈"的艺术

经过无数轮的博弈，在施工方的强烈主张下和艺术的沟通下，最后由业主牵头组织了协调会，由业主、设计、编标单位、施工单位共同参加，形成一个变更、洽商专题会议纪要。由设计出具一个情况说明回复，由编标单位根据设计回复对土方类别进行了调整，出具了补充调整预算，增加了造价。

实际施工中，施工单位又对所有标高进行了实测实量，结算时对设计标高和实际标高进行了按实调整。

注意事件的关键词：业主牵头、专题会议纪要、设计回复、编标单位调整。

本事件的特点在于，一系列的操作非常艺术，似乎非施工方所为，其由原来的主张提出人转变成"被动"的接受人。调整增加的造价出自招标方，而非中标人所为，这为最后结算奠定了扎实的基础，彻底避免了签证到≠结算到，最后被审计驳回的情况。该事件最大的亮点在于策略与宏观的把控极其委婉、艺术、恰到好处。

关于挖土方这里还有一个争议案例：在大城市基础施工中经常出现挖出来的不是土方，而是砖渣、装修垃圾甚至是图2-29中的生活垃圾。这种垃圾可以执行合同中土方的综合单价，但是运和销成为大麻烦，对于大城市生活垃圾，2015年国家发展和改革委员会文件制定的价格是300元/t，而且所有的消纳场都不愿意接收类似塑料袋、快餐盒之类的白色垃圾（垃圾消纳场内如果"飘白"是要被停业整顿的）。出现图2-29中的情况，挖的综合单价执行原合同单价，运和销单独协商计价，如果甲方不同意，施工方可以将垃圾堆放在场内，理由是：合同里挖运的是土方而不是垃圾，如果不同意堆放在地表明面，则可以物归原处。

图2-29 挖出来的土方是生活垃圾

5. 结论

签证重在理解合同，重在沟通，其成功与否，有时不完全取决于技术因素。只有沟通好了才会在签证上取得成效，而沟通是一门艺术。

挖运土方在工程项目中是争议很大的工序，加之地下情况越来越复杂，合同约定时应该多加几行注释，如挖出建筑垃圾如何处置，挖出生活垃圾又如何消纳，这些都要一一列明。投标为战略性的大事，其中有些事为公司决策层面的事，必须由公司高层出面把握方可，不是一般的商务预算人员所能为之，作为高级参谋的商务预算人员，需要有极好的经济头脑及系统的大局观，掌握好细节，为上级提供翔实精确的资料信息，以供决策。

09　这个市场带价清单低于市场水平100%，是无意还是恶意？

所谓的市场化清单，说穿了就是不受预算定额组价的约束，业主各定各的价的游戏规则。其目的就是"以我为主、我说了算、我说多少就是多少"。如何适应业主的规则，脱离定额，掌握成本，进行报价，这对习惯了定额思维的造价人员是个挑战。

下面列举某业主市场带价清单中的楼梯抹灰子目，从清单水平、实际水平、定额水平三个角度进行解析，和大家一起分享数据、成本的分析过程。

1. 标书报价要求

（1）工程采用市场带价清单，除了人工费、材料费、机械费、综合取费、税金外，措施费（措施费不含模板）等其他费用为平方米含税单价（以项为单位）包干使用；

（2）报价时，业主给出的综合单价、费率，投标人均不能修改；

（3）投标人经成本测算后，感觉业主的总价大于或小于自己的成本价，报价时作总价上下浮动（如总价上浮或下浮n%）。

2. 清单头例

某业主市场带价清单的楼梯抹灰子目见图2-30。

项目编码	项目名称	单位	综合单价（元）	人工费	材料费		机械费	综合取费 11.00%	税金 9.00%
					主材费	辅材费		计算基础	计算基础
			1=∑2~7	2	3	4	5	6=(2+3+4+5)×11.00%	7=(2+3+4+5+6)×9.00%
一	部位：楼梯（含休息平台） 1. 20mm厚1:2水泥砂浆压光，钢筋护角； 2. 素水泥浆结合层一遍； 3. 钢筋混凝土楼板。	m²	63.58	36.70	13.11	2.22	0.52	5.78	5.25

图2-30　楼梯抹灰清单

3.清单水平分析

（1）人工费分析

1）查阅当地的定额，业主市场带价清单中的人工费来自于定额人工含量×定额单价。定额单价为36.11元/m²，加上约0.6元/m²的护角筋的人工费，清单中的36.70元/m²人工费与定额人工费几乎完全吻合。由此可见，清单人工费根本不是市场价（图2-31）。

定 额 编 号			B1-239
项目名称			水泥砂浆楼梯
基价（元）			4525.29
其中	人工费（元）		3610.8
	材料费（元）		867.96
	机械费（元）		46.53
	名称	单位	单价（元）
人工	综合二类工	工日	60.00
			60.18

图2-31　清单人工费不是市场价

2）即时当地造价部门发布的市场人工指导价为：一类工92元/工日；二类工79元/工日。按定额工日，其人工费应为：60.17×79÷100＝47.53（元/m²），两者相差了29.5%（护角筋的实际人工费尚未估算在内）。

（2）主材费分析

同上，经对照当地定额，清单价13.11元/m²的主材费亦来自于定额，为定额的材料含量×即时市场单价，并加上了楼梯侧边的一点抹灰量（图2-32）。

楼梯侧边

图2-32　楼梯实物现状

（3）辅材费分析

从清单的主材费分析中可见，踏步的钢筋护角没有体现在主材费中，而是列入了辅材费中。

以最常见的普通住宅楼为例（图2-33），该楼梯的水平投影面积为：2.5×3.43＝8.575m²（楼梯井不扣除）。即时市场成品护角筋的单价约1.15元/m，8个踏步9根护角筋，合计18根，折合：18根×1.2m/根÷8.58m²≈2.52m/m²楼梯水平投影面积，材料费折合：2.52m/m²×1.15元/m≈2.90元/m²。

当地定额的辅材费含量约0.57元/m²，加上2.90元/m²的护角筋，合计3.47元/m²。由此可见，清单的辅材费比正常水平低了56%，显然极不合理。

（4）机械费分析

与人工费一样，清单中的机械费与定额机械费几乎完全一致，为定额的机械含量×当地信息单价而来。

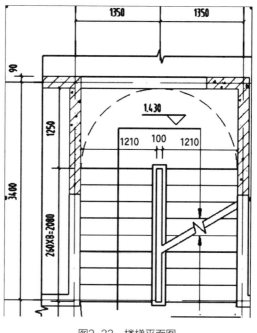

图2-33　楼梯平面图

（5）分析结论

综上可见，清单编制人员根本不清楚当地的市场习惯及市场行情，名为市场价，实为定额价，与市场基本无关。

4.实际的市场水平

（1）市场及市场人工费

按照当地的市场习惯，楼梯抹灰以层为单位按张计算，而不是以平方米为单位计价。工作内容包括楼梯踏步、侧壁、休息平台全部抹灰在内（不含楼梯斜板底板）。普通住宅楼每层、每跑楼梯抹灰当时的市场价在700元左右（区域不同略有上下浮动），除了水电费外，单价还包括工具用具、砂浆机在内的全部成活价。

以最常见的图2-32的普通双跑楼梯为例，该楼梯的抹灰水平投影面积为8.58m^2，实际的市场人工费折合平方米单价为：700÷8.58≈81.6（元/m^2）。

（2）实际主材费

清单楼梯抹灰为20mm厚水泥砂浆，因需植入踏步护角筋，20mm厚水泥砂浆即使覆盖了，因保护厚度及砂浆强度不够，极易空鼓开裂且极不牢固，以后回访修缮的概率极高，产生的损失极大。所以，无论是否有护角筋，有经验的施工单位在支模时均将踏步标高压低，加厚抹灰厚度，或用约30mm厚的细石混凝土找平，后撒1∶1干料压光，以保证抹灰质量。砂浆抹灰只用在楼梯侧壁。经估算，当时的实际主材费约为24.0元/m²（图2-34）。

序号	材料名称	单位	计算式	工程量	除税单价（元/m³）	合价（元）
1	C20细石混凝土	m³	11.59×0.03×1.01	0.35	400	140.0
2	商品砂浆	m³	4.14×0.02×1.02	0.08	495	39.6
3	1∶1干料	m³	11.59×0.005×1.01	0.06	420	25.2
合计						204.8
折合：204.8元÷8.58m² ≈ 24.0元/m²						

图2-34　实际主材费

（3）实际辅材费

辅材费由成品护角筋＋基层处理用建筑胶＋水＋其他材料费组成，实际辅材费为3.5～3.7元/m²。

（4）实际机械费

由于使用的是商品砂浆，无须搅拌机械，即使是自拌砂浆，也为班组自带，除了机械用电费外，实际发生的机械费很小，可计可忽略。暂且按0.15元/m²计。

（5）实际水平

综上分析，按当时当地的实际，发生的人、材、机成本约为109.0元/m²（图2-35）。

序号	费用名称	单位	指标	备注
1	人工费	元/m²	81.6	
2	主材费	元/m²	24.0	
3	辅材费	元/m²	3.6	
4	机械费	元/m²	0.15	
合计		元/m²	≈109.0	

图2-35　实际人、材、机成本

5. 定额水平

经套用当地的定额，按二类取费、人工费按当地造价部门发布的即时指导价、采用商品砂浆、其他按当前合理市场价，扣除与清单同步的措施费及其他费用，定额的人、材、机水平在92.0～94.0元/m²。

6. 对比及原因分析

（1）经对比，不难看出，清单水平与正常的定额水平、实际的市场水平相差很远（图2-36）。如楼梯抹灰按商品砂浆30mm厚计算，则差距会更大，因为商品砂浆单价大于细石混凝土。

序号	人、材、机水平	单位	数量	对比
1	清单水平		52.55	不含综合取费、税金
2	实际水平	元/m²	109.0	清单比实际：≈ -107%
3	定额水平		93.0	清单比定额：≈ -77%

图2-36　人、材、机水平对比

（2）清单考虑的人工单价为2012年的定额单价的二类工，即60元/工日，与实际严重脱离（即时指导价为79.0元/工日）。

（3）招标文件要求使用商品砂浆，清单商品砂浆的单价还是按2012年的定额价280元/t考虑，严重脱离市场（即时商品砂浆市场除税指导价约为495元/t）。

7. 结论

鉴于篇幅原因，只对清单项目中一个定额子目工序的人、材、机成本做了分析，清单的综合费率及措施包干单价等的涉及面很广，不在本话题中讨论。

本话题的清单名为市场带价清单，但所给的价格几乎是完全的定额价格，市场因素严重缺乏，名不副实。特别是装修工程，执行定额亏本的概率很大。人工和商品砂浆单价，更是采用八年前的定额单价，与现实差距巨大。这种所谓的市场带价清单，其给出的综合单价、费率投标人不能修改，对只知道套定额、不精成本、没有总价思维的预算员带来很大挑战。

通过分析找出问题所在，是本话题的初衷。投标前不测算好实际成本，盲目承诺这类被别人固定好的圈套，最终着急的是老板，亏损的是公司，受害的是员工。

10 这样的合同水平能不能干？

一个特色小镇项目图纸及甲方起草的合同草案见图2-37。

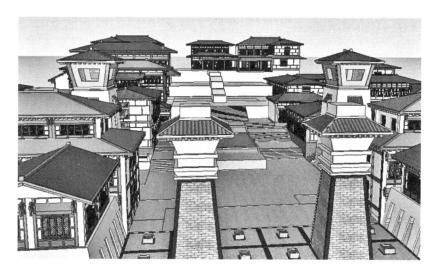

图2-37 特色小镇效果图

结合当时当地的市场行情，从项目比较、当地的市场水平、工程结算条件的分析与对比等诸多方面，就这样的合同水平能不能干？和大家一起分享笔者的分析过程，希望对商务造价人员有所启发。

1. 项目比较

（1）工程总面积5200m²左右，1～2层，现浇混凝土坡屋面，门头及个别标志物为古典汉式造型。

（2）此类工程与别野相接近，但略有区别，其对比见图2-38。

序号	一般别墅	本项目
1	结构相对复杂，施工难度略高	结构相对简单，施工难度略低
2	别墅模板可以栋为流水，周转使用率高，配模人工、模板损耗相对较小	模板没有流水，不能周转，每栋都需配制，人工、模板损耗相对略大
3	层高相对低，砌墙、抹灰、支模人工费相对略少	层高相对高，砌墙、抹灰、支模人工费相对较高
结论：两者综合整体水平基本接近		

图2-38 本项目与一般别墅对比

2. 当地的市场水平

当时（2019年5月）当地此类工程的市场用工水平：

（1）模板人工：65～70元/m²接触面（普通小高层住宅为43～45元/m²）；

（2）钢筋工：65～70元/m²建筑面积（普通小高层住宅为53～55元/m²）；

（3）砌体（含植筋、构造柱、圈梁、过梁）：400～420元/m³（普通小高层住宅为370～380元/m³）；

（4）内抹灰：20元/m²实际抹灰面（普通小高层住宅为16～17元/m²）；

（5）架子工：28～30元/m²外墙面（普通小高层住宅为22～23元/m²）。

人工成本大幅提高，此类工程在当地的市场习惯及水平是：按一类取费，人工费执行造价部门文件，材料费执行当地信息价，一般总价上浮8%～10%（项目较大的别墅群，周转次数多，可以有效展开流水作业，结构略简单的，总价上浮6%～8%），一般常态可有5%～8%的微利，本工程属于前者（当然还与管理水平、业主付款水平、项目体量大小、机械使用度等有关）。

3. 工程结算条件的分析与对比

合同结算条件见图2-39。

分析一：认价、甲供材对造价的影响

（1）根据多年测算分析统计，主要材料执行信息价与认价，对总价的影响为3%~4%（信息价有利润空间）。

（2）工程的门窗甲方独立分包（不计入总价），钢筋、混凝土、商品砂浆、保温材料、防水材料、面层块料、瓦等占比大的主材为甲方认价，剩下的零星辅材执行信息价，故材料上已无大的利润空间。主材认价对造价的影响为-3%～4%。

三、 工程结算及付款方式：

1. 工程以甲方预算价为暂定价，作为后期付款依据；

2. 工程结算依据：

2.1 XX商业街项目执行2012《全国统一建筑工程基础定额XX省消耗量定额》《XX省仿古定额》，有斜屋面的工程屋面板及屋面板以上按仿古定额执行；

2.2 认质认价材料及甲供材料除外的其他材料价格执行XX省造价信息材料价加权平均指导价计取（合同签订当月至竣工验收结束）；

3. 工程在结算总价的基础上总价让利1%；

4. 工程其他费计取方式：工程按二类工程计取，安全文明施工费计取80%，规费计取25%，措施费按现场发生的据实计取；

5. 因工期施工紧，模板周转材料甲方给予木方、模板按一次性周转材料进行结算，其他的材料损耗及垂直运输费不予计取。

图2-39 合同条款

分析二：仿古定额对造价的影响

（1）"有斜屋面的工程屋面板及屋面板以上按仿古定额执行"，按排除法，平屋面及其他的分部项均不算仿古；

（2）斜屋面板及屋面板以上的工程做法比较简单，经初步测算对比，该部分工程量执行仿古定额增加的造价比土建定额略大，为1.0%～1.5%。

分析三：二类取费、让利对造价的影响

（1）经同条件测算对比，一类与二类取费的费率差为1.01%；

（2）工程按二类结算让利1%，相当于按一类取费标准下浮了2%。

分析四："安全文明施工费计取80%，规费计取25%，措施费按现场发生的据实计取"对造价的影响

（1）"措施费按现场发生的据实计取"。除模板、脚手架外，以费率计取的措施费占含税总价的比例及对造价的影响见图2-40。

（2）"安全文明施工费计取80%，规费计取25%，措施费按现场发生的据实计取"占含税总价的比例及对造价的影响见图2-41。

组织措施费一般难以量化但基本会实际发生，组织措施费不应该按实结算，按实

结算＝无法结算，所以合同约定对甲、乙双方结算都是一个难题，相比甲方，乙方暗藏的风险更大。

序号	费率措施费名称	占总价的比例	结算后遗症
1	二次搬运费	≈0.45%	难量化，几乎无法结算到
2	夜间增加费	≈0.33%	难量化，几乎无法结算到
3	停水停电增加费	≈0.18%	几乎无法结算到
4	冬雨期施工增加费	≈0.70%	不在冬施期，雨期费难量化
5	生产工具用具使用费	≈0.54%	具体量化难
6	检验试验配合费	≈0.24%	具体量化难
7	工程定位复测场地清理费	≈0.32%	如何量化？签工？
8	成品保护费	≈0.23%	难量化，几乎无法结算到
合计		≈2.99%	故，乐观地估计，只能结算到其中的1.0%左右，影响造价1.5%～2.0%

图2-40　措施费占含税总价的比例及对造价的影响

序号	费用名称	占含税总价的比例	计取比例	相当于总价下浮比例
1	安全文明施工费	≈3.07%	80.00%	≈0.6%
2	规费	≈3.51%	25.00%	≈2.6%
3	费率措施费	≈2.99%		≈1.5%～2.0%
合计				≈5.0%

图2-41　安全文明施工费、规费、措施费占含税总价的比例及对造价的影响

分析五：模板、木方按一次性结算对造价的影响

一般地区定额模板的综合平均摊销水平约为3.3次（≈33%），由于工期紧，业主要求开展平行施工（全面开工），故合同按模板一次的摊销计算。

（1）模板计算一次摊销，相当于增加造价：（100.0%－33.0%）×33.0元/m²信息价≈22.11元/m²模板接触面×（1.85～1.95）含模量≈42.0元/m²建筑面积。按土建1200元/m²计，相当于造价增加了42.0÷1200≈3.50%。

（2）一般来说，模板定额中木方的摊销平均水平为20%～25%（见图2-42、图2-43）。木方按一次性结算，相当于增加造价：0.549×2300元/m³×（100%－20%）×（1.85～1.95）≈19.19元/m²建筑面积，相当于造价增加了19.19÷1200≈1.60%。

木方摊销的综合平均水平为20%~25%，与实际也很接近。

如平板模板木方的实际铺设，其木方的用量为：

（1.83×4根）÷1.67m² ≈4.38 m/m²。搭接及配模的损耗即便按最小的30%计，理论用量至少在5.7m以上（加上梁、柱，工程的平均实际用量＞7m）。

以斜板为例，定额中的模板木方摊销含量为 0.549 m³/100m²接触面，折合成木方的米数为：0.00549÷（0.10×0.05）≈ 1.10 m/m²。

故，木方摊销率为1.1÷5.7 ≈ 20%，与理论较为接近。

图2-42 木方摊销平均水平与实际接近

图2-43 平板模板木方施工排列图

分析六："其他的材料损耗及垂直运输费不予计取"对造价的影响

模板定额中的其他的材料及垂直运输费为1.77元/m²（见图2-44，以斜板为例）。相当于造价减少了1.77元/m²×（1.85~1.95）≈3.35元/m²建筑面积，占总造价的3.35÷1200≈0.28%。

定额子目A12-66，每100m²斜板模板其他材料损耗				
序号	材料名称	单位	单价(元)	数量	合价(元)
1	水泥	t	450	0.007	3.15
2	中砂	t	120	0.017	2.04
3	铁钉	kg	5.5	3.58	19.69
4	隔离剂	kg	0.98	10.00	9.80
5	镀锌铁丝22号	kg	6.1	0.18	1.10
6	水	m³	5	0.001	0.005
7	其他材料费	元	1	42.3	42.30
8	汽车式起重机5t	台班	519.4	0.19	98.69
合计					176.78

图2-44 模板损耗

4. 这样的合同水平能不能干？

"按一类取费，人工费执行造价部门的文件，材料费执行当地信息价，一般总价上浮8%～10%，可有5%～8%的微利"之前提，本合同的水平相当于在此基础上下浮了4.4%，综合在-4.0%～5.0%（图2-45）。

序号	项目名称	对总价的影响
1	主材认价、甲供	≈-3%～4%
2	斜屋面执行仿古定额	≈1.0%～1.5%
3	二类取费、让利	≈-2.0%
4	"安全文明施工费计取80%，规费计取25%，措施费按现场发生的据实计取"	≈-5.0%
5	模板按一次性结算	≈3.5%
6	木方按一次性结算	≈1.6%
7	模板定额中的其他的材料及垂直运输费不计取	≈-0.28%
相当于在"按一类取费，人工费执行造价部门的文件，材料费执行当地信息价按实结算"的基础上		**≈-4.4%**

图2-45　实际成本分析

由于工程体量较小，远离市区，相对不便，市场的用工水平、总包的管理成本相对变高，综合各因素，笔者的结论是：

（1）这样的合同水平不能干；

（2）如管理水平足够好，最多勉强保本，根本无利可图。

5. 其他提示

（1）"1. 工程以甲方预算价为暂定价，作为后期付款依据"

应注意甲方故意压低预算暂定价，以达到尽可能少支付工程款的目的，从而增加施工方的财务成本。签订合同时，需协商出初步的预算暂定价，以免定价过低。

（2）"2.2　认质认价材料及甲供材料除外的其他材料价格执行××省造价信息材料价加权平均指导价计取（合同签订当月至竣工验收结束）"

该条的可操作性需具体化、明确化。信息价每月不同，如何加权？以每月上报的形象进度为准，还是办理专门的签证手续？如以每月上报的形象进度为准，结算时甲方、审计对上报的形象进度认可吗（尤其产生交叉施工的，描述的界面是否便于结算）？故需明确约定，且约定要具体化、明确化，不要出现界面不清或可能产生第二种解释的用词，以免对最后的结算产生影响。

（3）尤其注意提防"5.因工期施工紧，模板周转材料甲方给予木方、模板按一次性周转材料进行结算，其他的材料损耗及垂直运输费不予计取"可能出现的陷阱。

1）"木方按一次性周转材料进行结算"，定额中含量是摊销量，木方的一次性使用率到底是多少，必须在合同中明确约定：按定额含量增加比例？比例是多少？按使用的米数折算成立方米？使用的米数是计算的理论数，还是实际数？理论数的搭接等损耗率是多少？实际使用数如何确定？等等。否则结算时将成为无穷的争议，工程一旦完工，吃亏的肯定是弱势的施工方。

2）"其他的材料损耗及垂直运输费不予计取"，按语言逻辑，此条文仅适用于模板的措施费分部项。

定额的垂直运输费以建筑面积为单位计取，由于模板子目中不存在垂直运输费，故需提防以审减额提成的审计单位，为了利益断章取义，在结算审计时按造价比例扣除工程全部的垂直运输费用。更需提防其恶意曲解"其他的材料损耗……不予计取"，竣工结算时扣减工程所有的材料损耗量。如果两者皆被恶意扣除，原本微利的工程将顷刻变成亏损项目。

（4）注意合同中其他排除自身义务、排除对方权益的格式条款影响最后的结算。

（5）分析对比定额、图纸，对于个别对造价影响较大但定额中却没有相应子目的特殊构件，对其如何结算进行适当的约定，以免最后形成争议，对竣工结算产生不利影响。

一个项目能否承接并顺利实施，需要提前认真测定工程成本，分析亏损和获利的工序及详细的能够保证正常运行的施工组织措施方案，单纯看指标、套定额、计费率都是"纸上谈兵"的造价。

11 （三板）成都宽窄巷中式木作花格装修的传统技艺与成本

下面就笔者在成都宽窄巷看到的花格门窗的传统规矩、制作工艺、成本、价格的判断四个方面和同行们一起谈谈个人认识。

1. 认识花格门窗

此花格门窗在江浙沪一带传统的称谓叫作"乱冰门"，也叫"乱冰纹"，取意冰面被打碎后的纹路（图3-1、图3-2）。

细观此花格门，其所使用的木材为一般的杉木。杉木木质较松，纹路直，不容易变形，加工方便，省人工。杉木虽木节多，影响观感，但杉木富含木砒，不会被虫蛀，且耐腐蚀，不怕风吹日晒。杉木综合性能胜过东北的红松（红松木节少，纹理漂亮观感好，但易被虫蛀，耐腐蚀性差），除了楠木、红木、黄杨木等名贵的木材外，杉木是一般木材中最适合做此类门窗的木材，尤其适合多雨的西南地区。

2. 花格门窗的传统规矩

冰面被打碎后的纹路是没有规律的，故赋予一个"乱"字。既然是"乱"，所以制作时没有规定的尺寸，可随意组合，只求自然，因为只有自然才是真美。

然而，作为一门技术艺术，需来于自然而高于自然。那么，如何使其既自然又有艺术呢？鲁班祖师定了三条明确的规矩：一是顶二不顶三；二是白杠；三是"作对"（地方俚语）。

图3-1　花格门　　　　　　　　　　　　图3-2　花格窗

（1）顶二不顶三：花格的每一根杠子上只允许顶一根或二根杠子，不允许有第三根顶在其上。

（2）白杠：除了顶在边框上的杠子，不允许有空白的杠子。也就是说，除了顶在边框上的杠子，一定要有杠子顶在自己身上。

（3）"作对"：用现在的术语叫作"镜像"，即左右必须为镜像关系。

3. 不合祖训的花格门

据此规则，该花格门不合祖训的地方有很多：

（1）顶二不顶三：顶在某根杠子上的杠子超过二根的很多，多的达五根之多（图3-3）。

（2）白杠：没有顶在边框上的空白杠随处可见（图3-4）。

（3）"作对"：中间的数扇门未成镜像关系。

由此可见，制作技艺没有得到很好的传承。

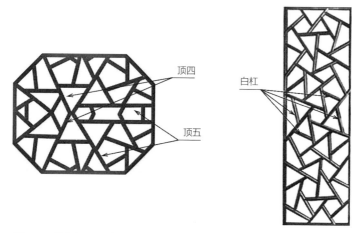

图3-3　花格门不合"顶二不顶三"规矩　　图3-4　花格门不合"白杠"规矩

4. 花格门的制安成本

这种卯榫结构的花格门,据笔者的经验,如纯手工制作,人工凿榫头、杠子表面半圆、剥飞肩(半圆杠、飞肩见图3-1和图3-3～图3-5),加上门上边的镂雕牙板和下面的浮雕牙板,其人工至少≥6工日/扇(像这么多扇的批量制作,可能略低)。

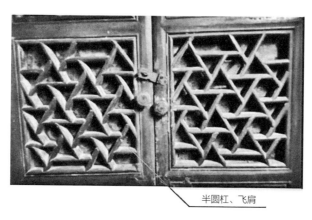

图3-5　三六角冰门

制作这样的花格,精度要求极高,几十根20mm厚杠子,每根杠子的厚薄误差不能超过零点几毫米,因为有几十根杠子,几十个零点几毫米累积就是很大的误差,大了无法装入框内，紧了花格起拱，稍有碰撞，前功尽弃；小了散架。有这样手艺的技工，现在的工价不少于450～500元/工日。如此，仅仅制作的人工费就在2500～3000元/扇以上。再加上门框、门扇的木材、油漆的工料费和安装费，仅工料成本就在3000～3500元/扇，约折合1800～2000元/m²（按一扇门宽0.70m、高2.40m计算）。尚不包括管理费等其他任何费用。

5. 当今的报价

如今，此类门窗性质已大变，实用性几乎不复存在，仅起到纯粹的装饰作用。由于高昂的人工成本，所以只能向工厂化发展，传统的手工制作也早已被机械化所替代。如浙江某地，从设计开发到生产加工，产业化非常发达，打眼、开槽、榫头、抛光、油漆等工序都被高度的机械化替代，人工雕刻也被电脑替代，成本也急剧下降。矩形花格门窗成本在300～400元/m²，此类斜线的花格门窗成本在500～700元/m²，成本只有手工制作成本的二三成，而且机械化的成品比纯手工制作的要精致很多。如量大，厂家能形成量产，还会便宜很多。

此类装饰装潢，真正传统的现场制作几乎绝迹，即使有也是有其形而无其灵。并且没有合适的定额，即便有也与实际的市场大相径庭，故一般都是参考工厂化的价格通过市场询价再加安装费进行报价。

6. 价格的判断

此类装饰较为冷门，市场对比度较差，无论是报价还是与供应商谈价，判断价格的高低可从以下五个层面入手：

（1）材质：一般来说，除了很高档次的设计，用名贵木材的毕竟是极少数。一般厂家用的都是经过处理后不容易变形的普通木材。

（2）格子的密度：影响成本的重要因素是用工成本，而格子的密度直接影响到用工成本。图3-1格子中规中矩，密度比较匀称；图3-2格子的密度相对稀疏；图3-5格子的密度很大，精度高，加工难度大，与图3-2相比，用工成本直线上升。

（3）格子的形状（斜格、直格、规则度）：一般来说，矩形格子都有一定的规则（图3-6），用工成本低；斜线格子有的没有规则（图3-1、图3-2），有的也有规则（图3-5），但用工成本比矩形格子要高很多。

图3-6　矩形格子

（4）工艺要求：工艺要求对价格的影响极大，如不具体要求，厂家出来的成品只有其形没有其实。榫头改为钉子＋胶水，飞肩变成平肩（图3-7），成本就成倍下降。

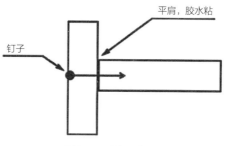

图3-7　平肩示意图

（5）清水与浑水：油漆是清水还是浑水，在一定程度上也影响加工的用工成本。清水油漆，选用的木材纹理要好，木节要少，做工要精致。浑水油漆，由于有腻子、油漆的弥补，加工的用工成本相对略低。

故，在市场背景下，无论是投标报价还是与厂家谈价，抓住这五个关键，谈判就会相对顺利，因为对于行家里手人们总有一种敬畏的心理。

7. 结论

机械化出来的产品虽然精致，但只是呆板的机械美，没有灵性。手工制作的产品虽略显粗糙，但仔细品味，它似乎是活的，充满灵动，极具艺术感和生命力（图3-5，其为符合鲁班祖师三大规矩的纯手工制作的标准"三六角冰门"）。随着时代的变迁，纯手工制作技艺失传，60岁以下有此类手艺的匠人很少。

随着造价与市场的接轨，一旦遇到此类装饰装潢，首先想到的应是以成品价格询价，而不是怎么套定额。摸清了市场与成本，此类报价再也不是什么难题。

12 基础梁模板执行矩形梁子目还是基础梁子目?

近日，同行们讨论了一个关于基础梁的问题：在算量软件中，基础梁是按梁定义绘制的，但定额一般又是执行基础梁子目，是否矛盾？

大多数人的观点是：若基础梁是坐落在垫层上的，则执行基础梁子目；若基础梁是架空的，下面没有垫层，则执行矩形梁子目，因为基础梁子目中不包含底面模板。

这一观点得到多数人的认同，但笔者却不这么认为，其他同行的理解可能犯了一个原则性的错误。下面就"基础梁模板执行矩形梁子目还是基础梁子目"谈谈个人的认识。

1. 基础中的梁并非都是基础梁

按预算的传统定义，并非在基础中的梁都称之为基础梁。20世纪七八十年代的定额，对基础梁有很明确的定义：

（1）必须在基础内；

（2）必须是三面支模。

只有同时符合上述两个条件才能套用基础梁子目。那么，定额为何这样定义呢？

因为当年的定额是概算定额，没有单独的钢筋、模板子目，钢筋、模板都包含在了混凝土中。即：混凝土的定额子目中，包含钢筋、模板的人、材、机含量。钢筋含量与实际不同，有一"钢筋调整"子目。为了使模板含量更加正确，定额才有此三面支模的定义。现在的定额，有了单独的模板，且又是按平方米计算，所以这种分类被人们所忽视。

2. 不同形式的基础梁

基础梁有多种不同的形式，如落地基础梁、架空基础梁、高架空基础梁。

（1）落地基础梁

当基础梁坐落在基础混凝土垫层上时（图3-8），由于其两面支模的特性，根据上述的定义，在预算上它不能称之为"基础梁"，而是叫作"基础圈梁"，执行基础圈梁子目（如当年的江苏定额，就设有基础圈梁子目）。

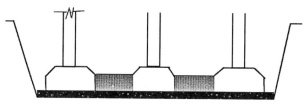

图3-8 落地基础梁

（2）架空基础梁

当基础梁架空时，由于其三面支模的特性（两面侧模＋底模），它才是真正预算意义上的基础梁，才能套用基础梁定额（图3-9）。

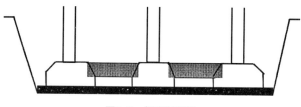

图3-9 架空基础梁

（3）高架空基础梁

有的严寒地区冻土层厚，冰冻线低，基础必须深埋在冰冻线以下，造成了"高脖子"柱子，为了增加整体刚度，基础梁的标高设置较高（图3-10）。它虽是基础梁，但更像框架的连系梁。此种情况套用基础梁定额似乎不合理，施工方觉得很吃亏。但根据上述的定义，它确实是基础梁。

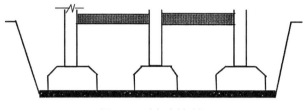

图3-10　高架空基础梁

3. 基础梁、矩形梁的定额分析与定性

由于单梁、连续梁是三面模板，基础梁也是三面模板。所以，在算量软件中，基础梁按梁定义绘制，说明软件的定义符合传统，非常正确。

据此，落地的基础梁为"基础圈梁"，架空的基础梁为"基础梁"，应该没有争议。

那么，高架空的基础梁属于什么性质呢？我们不妨先对定额进行一下分析再作判断。

河北2012定额分析表见图3-11。

序号	定额名称	定额含量		定额含量对比说明
		基础梁	连续梁	
1	人工	小	大	基础梁支模比连续梁方便
2	水泥砂浆	相同	相同	与模板有关，与支撑无关
3	复合模板	相同	相同	
4	隔离剂	相同	相同	
5	支撑钢管	无	有	1．定额没有考虑基础梁的支撑与脚手板，说明基础梁距地很低，无须使用；2．因距地低，所以支模方便，用工量小
6	直角扣件	无	有	
7	转角扣件	无	有	
8	模脚手板	无	有	
9	支撑木方	大	小	因基础梁距地低，定额考虑了用木方进行支撑加固，所以木方、铁钉、铁丝用量大，卡具用量小
10	铁钉	大	小	
11	梁卡具	小	大	
12	镀锌铁丝	大	小	
13	载货汽车	小	大	与支撑钢管用量有关
14	汽车式起重机	小	大	
15	木工圆盘机	相同	相同	与模板有关，与支撑无关

图3-11　河北2012定额分析表

这仅是河北定额反映的水平，尽管全国各地定额考虑的用工、用量各有不同，但方向基本相同，即：基础梁模板的水平也比单梁、连续梁低（如贵州2004定额）。

据此分析，我们不难得到如下观点：高架空基础梁，由于需要用钢管支撑，且工艺做法与单梁、连续梁完全相符，定性为单梁、连续梁似乎更加合理一些。

4. 高架空基础梁执行什么定额？

（1）有的架空基础梁的梁底与基础垫层相距只有40～50mm高，浇筑完混凝土后梁底模板无法拆除，只能一次性报废。于是，很多工程中就干铺一皮砖或用普通的挤塑板、聚苯板代替模板。与定额考虑的水平严重不符，此时该执行什么定额呢？

（2）高架空基础梁需架空的高度是多少，才能定性为单梁、连续梁？架空的高度该如何具体量化，定额没有明确的说明。距离700～800mm高与距离1.5～1.6m高，都用钢管支撑，但支撑钢管的用量却相差很大。此时该执行什么定额呢？显然，仅用支撑作判断是非常片面的。

针对上述两个问题，如没有官方明确的定额解释，除了定额的编制者，很难有明确的答案。定额反映的是一种水平，不可能面面俱到。既然没有答案，那就得协商与约定：如果工程是按定额结算的，且基础梁工程量很大，执行什么定额可能影响到工程的整体造价水平时，不能用套定额思维想当然，而应根据施工组织设计方案做出合理的判断，提前测算出相应的成本，然后选择与成本相符的定额子目。否则，最后结算时一旦产生争议，吃亏的一定是处于弱势的施工方。

5. 结论

综上所述，一名成熟的造价人员不仅要精通预算，更要精通施工，只有知道了怎么做，才能结合规则知道如何去算，才有预判识别能力。

一个工程有多少个分部分项、多少个工艺流程，没有扎实的施工功底，对定额、清单的理解就不会深刻，细节决定成败，所谓"懂施工，预算才会更精"。只有懂了施工工艺，才能对分部分项进行有效分解，才能做出预判，有了预判，才能进行预先的约定，正如古人云："不知未来者，不足以谋天下"。

所以，造价人员需改变唯定额、唯软件、脱离现场、脱离施工的痼疾，提高综合能力。成熟的造价人员不是单薄的懂得，而是综合的体现，是图纸、清单、定额以外的拓展。预判鉴别能力、系统的大局观、成本警觉，不是嘴上的口号，需要的是扎实基础、三位一体。

13 巧用"港式清单"报价，快速解决成本难题

某工程主体封顶后原总承包单位因故退场，业主方另找施工队伍进行后续施工，因是"半拉子"工程（未竣工的工程），工序之间"犬牙交错"，有已经完成的构件，有做了一半的项目，还有刚开始的工序。笔者结合当时、当地的市场习惯与市场行情，选取其中的已完砌体（部分楼栋砌体完成，部分楼栋未砌）、楼地面、内抹灰三个部分的成本注意要点和大家一起分享笔者的分析过程，希望对商务造价人员判断合同成本水平能有所启发。

1. 已完砌体需考虑的主要成本因素

（1）结合图纸勘察现场，评估已完成砌体的楼栋是否还有剩下未完的零星砌体工程量，如：大面积的砌体已完成，但是否还有零星的未砌到顶的、未砌斜砖的、未砌过梁上口一皮砖的；未砌的水电井小砌体；未完的女儿墙等（含女儿墙构造柱、压顶）。

（2）评估预留洞口收口情况，如：安装工程中的电箱、消防箱等洞口是否需用砖块补砌（图3-12、图3-13），管线密集区预留位的补砌（或浇筑混凝土）等；多单元的楼栋，还有内墙施工洞、外墙人货电梯口施工洞的补砌。

图3-12 箱门洞

图3-13 施工洞

（3）复核窗台高度，评估已砌完的外墙窗台高度是否符合标准，超高的需翻掉重砌，不足高度的需加砌。

（4）复核外窗洞口，评估外砖墙不被阳台等隔离的窗洞口上下是否垂直，如若偏差太大需返修重砌（图3-14）。

这些砌体的工程量虽不大，但因零星散乱，故需细致统计。又由于零星散乱，不能组织起有效施工，与正常的砌筑相比，除了材料消耗量略大以外，最主要的是拆除、返修、重砌、清理的用工量巨大，将出现数倍的人工亏损，故需对所耗的工料成本进行深入估算。

（5）检查评估是否尚有未施工的构造柱、过梁、水电井抱框、小于一块砖需现浇的门垛、窗台压顶、阳台翻边、水电管井内二次浇筑的楼板等遗漏零星工作量。

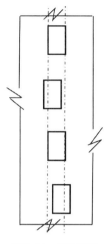

图3-14 外窗调整

这些未施工的现浇构造柱、过梁、门垛，大部分可能还需另行植筋，且构造柱、过梁一般都是采用$\phi 12$或$\phi 14$的钢筋，植筋成本比$\phi 6.5$的砌体加筋植筋费用高出很多（图3-15～图3-17）。一旦发生，其工料成本很大。

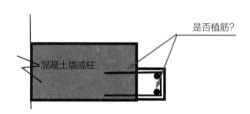

图3-15 植筋

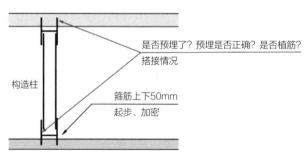

图3-16 预埋植筋

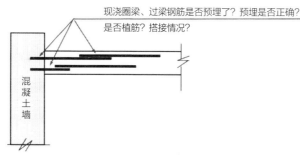

现浇圈梁、过梁钢筋是否预埋了？预埋是否正确？
是否植筋？搭接情况？

混凝土墙

图3-17 构件植筋

以当地的市场价，浇筑这样的混凝土人工费约为260元/m³；绑扎构造柱钢筋人工费为28～30元/m；支护模板人工费为40～42元/m²接触面（门垛、水电管井抱框的人工费更高）。即便如此，这也是整体施工的市场价格，类似这些散乱的零星工程量，施工时人工价格则会更高。故需对所耗的工料成本进行深入的估算。

（6）检查评估安装完的烟道质量情况。

1）有些烟道的安装距离墙面较远，需要用砖嵌砌。要求严格的业主可能要求剔凿地面预留洞口，返工重装，这些均需加以澄清确认，以考虑其返工安装、损坏损耗、修补的工料成本。

2）注意装好的烟道，肯定不带止回阀，需另行考虑。熟读图纸，因烟道壁很薄，有些设计烟道上加贴网抹灰，还有的设计另行加砌1/4或1/2砖墙。

3）出屋面成品风帽，采购时均不含百叶，需另行计算。由于成品风帽按个计算，往往容易被忽视，故需仔细阅读图纸，以免报价时遗漏。

2. 楼地面需考虑的主要成本因素

结合图纸勘察现场，评估楼地面、楼梯的主体混凝土质量及清理情况。

（1）检查楼地面，评估楼地面及其标高和平整度情况。尤其注意其地下储藏室、水电井内的楼地面质量情况，防止出现楼地面面层超厚。地下储藏室、水电井内的地面，一般设计为20mm厚水泥砂浆，一旦出现标高误差或地面平整度差（高低不平、脚窝），则会出现面层超厚，导致材料亏本。通过勘察，评估出地面的综合平均厚度大概是多少，不能照本宣科按照图纸厚度计算材料成本。

（2）高度重视对楼地面清理情况的评估，以用来估算地面清理的人工成本。很多工地，因地面高低不平，脏、乱、差，清理用工比面层施工用工要大得多，且这样的工地很普遍，尤其是这类中途退场的工地，更需要注意。

（3）地上因是地暖地面（50mm厚细石混凝土地暖管保护层），相对好处理，但也要注意评估，高差不能相差太多。

（4）楼梯抹灰

1）楼梯抹灰设计为20mm厚水泥砂浆，踏步采用钢筋护角（图3-18）。护角筋植入在楼梯面层中，20mm厚水泥砂浆往往覆盖不住，即使覆盖了，因保护厚度及强度不够很难保证不开裂、不空鼓。所以，对植入在楼梯抹灰层中的护角，有经验的施工单位一般均用30～40mm厚的细石混凝土找平，后撒1∶1干料压光成型（因为细石混凝土比商品砂浆更便宜，不但经济，且质量更易保证）或加大水泥砂浆厚度（＞30mm），以降低空鼓的风险，保证抹灰质量。楼梯抹灰面积大，一旦发生开裂、空鼓，得不偿失，其回访维修的成本极大。

图3-18　踏步钢筋护角

2）因主体结构已经成型，不可能将踏步标高压低，以留出抹灰厚度。所以，应联合施工、技术部门，对楼梯的标高、质量情况进行整体评估，方能较正确地估算出材料成本用量，不能照搬定额。一般来说，踏步平面的水泥砂浆平均厚度至少按＞30mm考虑，立面抹灰厚度可以略薄，综合水平：超定额用量的40%～50%。

3）注意对楼梯踏步防滑条（一般住宅楼的水泥砂浆楼梯均无此设计）及侧边、楼梯底砂浆滴水线的计算，以免遗漏（图3-19）。

4）注意对楼梯抹灰人工成本的估算：按当地的市场习惯，楼梯抹灰以一张楼梯一层为单位计算，市场价约为700元/（张·层）（含踏步侧面、底下滴水线），折合水平投影面积72～75元/m^2，市场价与定额工资相差45%～50%。故成本测算要按市场因素考虑，不能照搬定额。

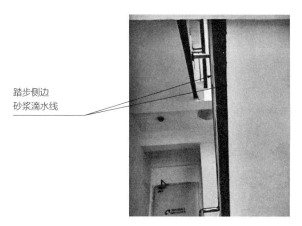

踏步侧边
砂浆滴水线

图3-19　踏步侧边砂浆滴水线

3. 内抹灰需考虑的主要成本因素

（1）对拉螺栓堵眼：主体施工单位撤走前对拉螺栓眼均未施工，按定额规定，混凝土墙的对拉螺栓堵眼不包含在抹灰中，而是包含在对拉螺栓中。

（2）对拉螺栓堵眼成本应结合甲方要求的严格程度和当地市场进行整体评估。按常规，当地的市场成本在3.0～4.0元/m^{2}建筑面积，要求高、管理严的业主有的成本＞5.0元/m^{2}建筑面积（图3-20、图3-21）。

图3-20　外墙堵洞

图3-21　外墙堵缝

所以，这种中途接手的工程，成本考虑不能用原有的总包思维，应知己知彼，尽可能地使其符合实际。

（3）结合图纸勘察现场，对整个工程的墙面质量情况做出总体评估。

1）图纸中混凝土墙为200mm厚，但当地市场供应的加气混凝土砌块只有190mm厚。有些是有意让加气混凝土砌块厂家缩小规格，以防止混凝土板墙或砌体的垂直度、平整度不到位而影响整个墙面的抹灰（图3-22）。

图3-22　加气混凝土砌块墙与混凝土墙交接

2）同时，当地市场供应的保温土砌块只有280mm厚，由于主体的混凝土墙面厚度是固定的，当外保温设计的厚度不同时，就会对该部位整个内墙面的抹灰厚度产生影响（图3-23、图3-24）。

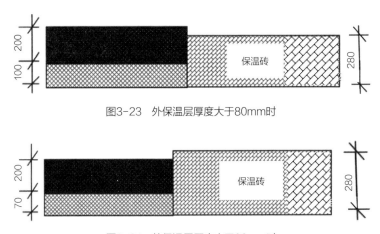

图3-23　外保温层厚度大于80mm时

图3-24　外保温层厚度小于80mm时

3）墙面的错台，使实际的平均抹灰厚度大受影响，它不是图纸问题，而是典型的实际问题。是否出现上述情况，上述问题对内抹灰厚度产生多大影响，应会同施工、技术部门对整个工程墙面的垂直度、平整度等质量情况进行综合评估，对整个工程内抹灰的平均厚度做出宏观上的判断。

住宅楼内墙抹灰的设计厚度一般为15mm，一般施工单位、普通的复合模板工艺，加上上述材料原因，以及垂直度、平整度等方面的质量原因，实际发生的抹灰厚度往往都要超过该尺寸，这也是常说的抹灰砂浆100%亏损的主要原因之一。故绝不能按图纸的设计厚度去考虑材料成本，一般内墙抹灰砂浆至少考虑20mm厚。

（4）抹灰基层处理

图纸设计的抹灰基层处理一般为：刷建筑胶素水泥浆一道，胶水比为1:4。但为了确保基底质量，实际施工时施工单位普遍采用毛化处理工艺，一般的业主也有此明确要求。现在新的墙面规范已经明确，墙面抹灰材料不能再使用水泥砂浆，而是应该使用干拌砂浆代替原来的抹灰材料。

墙面的毛化处理与刷建筑胶素水泥浆，由于现在采用了半机械的喷涂工艺，两者人工成本相差不大。影响成本的主要因素是材料，两者的水泥、胶水的用量相差数倍，实际施工的用量可能没有定额描述的这么大，但差距确实很大（图3-25、图3-26）。应注意这方面的考量，这也是抹灰工程水泥常常亏损的原因之一（次要原因）。

单位：100m²

定额编号		B2-680	B2-681
项目名称		素水泥浆一遍	建筑胶素水泥浆一遍
基　价（元）		138.80	160.48
其中	人工费（元）	79.10	79.10
	材料费（元）	59.70	81.38
	机械费（元）	—	—
名　称	单位	单价	数　量
人工　综合用工一类	工日	70.00	1.13	1.13

	名称	单位	单价	数量	
人工	综合用工一类	工日	70.00	1.13	1.13
材料	水泥 32.5	t	360.00	0.165	0.165
	建筑胶	kg	2.50	—	2.890
	水	m³	5.00	0.060	0.060

图3-25　建筑胶素水泥浆处理定额含量

笔者只简单地列举了以上三个部分对成本的影响，对于设计不抹灰顶棚的打磨、嵌补，外墙保温抹灰，水电安装配合、措施等对成本的影响，由于篇幅的原因不再

——分析。尤其是原施工不合格的分部项需拆除重做的，不属于"现场维修费用"，必须重计量（如顶板、墙面大面积漏水的质量缺陷等），应注意在合同中约定。

定额编号				B2-685
项目名称				墙面毛化处理
				100m²
基　价（元）				482.01
其中	人工费（元）			183.40
	材料费（元）			298.61
	机械费（元）			—
名　　称		单位	单价	数　量
人工	综合用工一类	工日	70.00	2.62
材料	TG胶素水泥浆	m³	—	—
	水泥 32.5	t	360	0.398
	TG胶	kg	2.5	62.130

图3-26　墙面毛化处理定额含量

众所周知，主体结构以外的二次结构、装饰装修分部分项，如按定额执行，本来就难以保证成本，此类再次接手的工程，更是存在巨大风险，不能一味地照搬定额，应结合自身的实际、当地市场的习惯、市场水平，以定额为参考进行综合报价。

4. 结论

2019年底，住房和城乡建设部正式发布《关于进一步加强房屋建筑和市政基础设施工程招标投标监管的指导意见》，首次提出"推动市场形成价格机制，实施工程造价供给侧结构性改革"。现行定额计价方式或将迎来人、材、机的新变化。

一般半道接手的未完工程后续工序要价都是成倍提高，因为没有施工单位愿意做别人剩下的活，虽然看着某些构件工序已经完成一半，但是让其100%成为合格产品，有时还要被迫拆除已经做完一半的工序重新施工，烂尾项目不是在原来1的基础上再添加一个1使等式变成2的简单加法，眼睛所看到的完工比例90%，并不等于再投入10%的人力、物力就可以将工程全面完工。

14　如何破解低标准高要求的套路陷阱？

现在做工程项目互坑成为一种模式，综合能力差、成本意识欠缺的预算人员跌入其套路陷阱是经常出现的案例。

下面列举一个大家常见的、看似合理的清单（图3-27），分析其低标准高要求、化整为零的套路陷阱。

招标清单

户内墙柱面
部位：起居室、卧室、餐厅，墙体为砌体墙 　1．装修面层（业主自理）； 　2．2mm 厚面层专用粉刷石膏罩面； 　3．10mm 厚 1∶3 水泥砂浆（成品砂浆）； 　4．刷建筑胶素水泥浆一遍，胶水比为 1∶4； 　5．墙面基层处理。
部位：起居室、卧室、餐厅，墙体为混凝土墙面 　1．装修面层（业主自理）； 　2．2mm 厚面层专用粉刷石膏罩面； 　3．5mm 厚粉刷石膏砂浆打底； 　4．刷建筑胶素水泥浆一遍，胶水比为 1∶4； 　5．墙面基层处理。
部位：墙面不同材料交界处、施工洞及预留洞处 　压入镀锌钢丝网片（不小于 0.6mm 厚镀锌钢丝网片,孔距 10mm×10mm）。

图3-27　墙柱面工艺

1.解读一：刷建筑胶素水泥浆一遍，胶水比为1∶4

（1）随招标文件一同下发的技术标准对"刷建筑胶素水泥浆一遍，胶水比为1∶4"的要求为："墙面洇水湿润后刷界面处理剂＋水泥＋建筑胶拌合成浆体后涂（喷）刷一道，要求不露底。基层拉毛浇水养护时间不低于3d"。

这是典型的低标准高要求，此技术标准实质上就是"墙面毛化处理"。实际施工的成本远远大于清单要求的做法（如按河北定额标准，仅直接费就差了3.2元/m²，还不包括人工、材料调整和取费。当然现在报价不能完全按定额标准，这仅是举例说明）。

（2）招标人的目的看似很低调，用合理的做法，让投标人按低标准报价，再加以高标准要求，以实现物美价廉的真正目的。

2.解读二（图3-28）

部位：起居室、卧室、餐厅，墙体为砌体墙
　1．装修面层（业主自理）；
　2．2mm厚面层专用粉刷石膏罩面；
　3．10mm厚1:3水泥砂浆（成品砂浆）；
　4．刷建筑胶素水泥浆一遍，胶水比为1:4；
　5．墙面基层处理。

图3-28　工艺分解做法

招标住宅楼工程的砌体100%为加气混凝土砌块，抹灰只有10mm厚。图纸的设计符合情理，但极有可能脱离大部分投标人的施工实际。在此对图3-28中的每一条进行分析：

（1）要想保证抹灰10mm厚，砌体的垂直度、平整度必须达到非常高的精度，一般的施工单位很难达到此标准要求，一般混凝土墙（或砌筑墙体）的垂直与水平误差以整面墙测量通常高低误差在±4cm左右。

（2）即使墙的正面达到了要求，其反面也极难达到要求。

（3）即使真的抹到10mm厚，由于抹灰厚度太薄，又抹在加气混凝土砌块上，仅抹面的开裂问题就会让施工方背上沉重的保修成本包袱，现在墙面抹灰虽然改用干拌砂浆，附着力应该强于1:3的水泥砂浆，但10mm厚度仍然难以保证施工质量。

（4）2mm厚的粉刷石膏层用手工方式也是很难实现和完成的，定额里的标准化工序一遍粉刷石膏厚度是5mm。

（5）招标人的目的很明确，用看似合理但难以达到的标准让你报价。如果你不结合自身实际施工水平，按清单轻易套定额报价，则必亏无疑。

3.解读三（图3-29）

（1）如果混凝土墙面主体结构不采用大钢模或铝合金模板，墙面达到不用抹灰就可以实现规范平整度的标准几乎是不可能的事。

（2）如果按混凝土墙面不抹灰报价，则模板报价需考虑采用大钢模或铝合金模板

（也就是所谓的清水模板），同时还需考虑混凝土墙与加气混凝土砌块墙结合部位的技术处理措施，且需得到业主批准，否则难以实行（图3-30）。

部位：起居室、卧室、餐厅，墙体为混凝土墙面
1．装修面层（业主自理）；
2．2mm 厚面层专用粉刷石膏罩面；
3．5mm 厚粉刷石膏砂浆打底；
4．刷建筑胶素水泥浆一遍，胶水比为 1 : 4；
5．墙面基层处理。

图3-29　墙面工艺分解

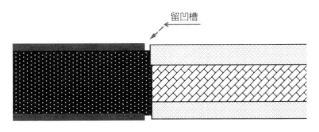

图3-30　混凝土墙与加气混凝土砌块墙结合部位留凹槽

（3）留凹槽后将来装修抹灰（粉刷石膏）时，填入高强石膏贴上300mm宽的网格布（或挂300mm宽的钢丝网）进行墙体交接处的基层处理，避免混凝土墙与加气混凝土砌块墙两种不同材质的墙体在日后收缩产生墙面裂缝。

4. 解读四（图3-31）

部位：墙面不同材料交界处、施工洞及预留洞处
压入镀锌钢丝网片（不小于 0.6mm 厚镀锌钢丝网片，孔距
10mm×10mm）。

图3-31　墙面基层处理工序

（1）混凝土墙与加气混凝土砌块墙的交界处，加铺镀锌钢丝网本无可厚非。但清单的混凝土墙面没有抹灰层，铺镀锌钢丝网有何用处呢？

（2）请仔细分析：

1）0.6mm×10mm×10mm镀锌钢丝网不是一般的小丝网，其丝径粗、目数密，

材料单价远比普通的小丝网贵。

2）注意了解招标人的管理，是否要求用热镀锌钢丝网，热镀锌钢丝网与冷镀锌钢丝网的一字之差，材料价差几乎达30%，选用时要看准招标清单和图纸的要求。

3）很多卫生间、楼梯间的砌块墙体设计要求满铺镀锌钢丝网，如此，材料的用量就急剧加大。

（3）由于清单中的模板未采用大钢模也没有采用铝合金模板，本清单项却要求达到平整度标准，投标方投标前不深入施工现场勘察，结构误差的修补费用全部要求自理（图3-32）。

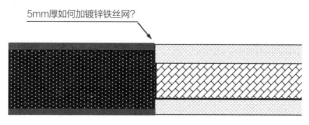

图3-32　墙面调差

（4）如果不懂施工工艺，不认真勘察施工现场，当中标后进场时才发现原来混凝土墙与加气混凝土砌块墙存在4cm高差，这4cm的高差想直接贴网格布或挂钢丝网都无法实现，在挂网、贴布工序之前，必须要完成墙面找平的工序，这道工序的成本是20元/m²，投标时没有看见或没有想到，等待中标人的基本就是项目赔钱。

5. 结论

降低工程成本只能从措施和管理上挖掘，不能去打实物量的主意，削减成本和降低成本是两个概念，削减成本只能使供应链的质量变坏，也就是工程人常说的偷工减料。

但本清单的招标人用"以量吃价"的方式来降低工程造价。一旦投标人发现其陷阱所在，只能抬高单价，用"以价抵量"的方式来应对。即：你砍量我增价，总成本不变；招标人转嫁风险，投标人就加大利润率以抵制风险，算来算去都是无效的成本管理，只是徒增了管理强度。

现在一般性的工程，尤其是普通的住宅楼，成本指标已经接近透明，常规的套路已被人们熟知。于是许多自认为聪明的人想变换手法，在设计及源头做文章，专门针对掉队的、反应速度慢的、跟不上游戏规则的投标人让其中招。可见现在的建筑市场处处险象环生。

随着造价与市场开始接轨，未来的造价人员应着重培养自己的大局观，除了计量计价软件，需彻底改变唯定额、唯软件，脱离现场、脱离施工、脱离市场的痼疾，加强工作的参与深度，提高自身综合能力。掌握施工、掌握市场、掌握动态，了解自身公司的水平，因为预算员的真正水平不是在图纸、清单上，而是体现在图纸、清单之外。如此，面对不同行径才能从容应对。

很多图纸的建筑工程做法依据图集，由于图集的广泛性，不可能完全适用所有的项目，很多的图集做法需要在项目图纸中另行完善，这最容易被人忽视，而一旦忽视，就为最终的结算留下后遗症。下面就是一个最常见的例子。

12系列建筑标准设计图集12J1"内墙1B、1C；内墙3B、3C"的基层处理见图3-33。

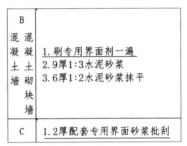

图3-33 不同墙体标准图集基层工艺

混凝土墙面的"专用界面剂"是指什么界面剂？既然"专用"，必定与普通不同。由于"专用"的特性，定额几乎不可能有相同材料的子目。如果这个问题得不到解决，就给以审减额为提成的第三方咨询方留下扣减的理由。

专用界面剂的材料名称是什么？经济技术指标（用量指标）是多少？经济技术指标业主是否认可？材料的单价是多少？如果是以定额结算的项目，就必须先搞清楚这几个问题才行。否则，正中善于借题发挥的第三方咨询方的下怀，给了他们一个极好的结算扣减的借口与理由。竣工结算时，他们向施工单位索要上述相关资料，此时工程已经完工，再想补资料，甲方人员谁也不会冒此风险为施工方提供证据，补资料几乎是不可能的事。

加气混凝土砌块墙面"2mm厚配套专用界面砂浆批刮"，亦是同样道理。图3-33中的工艺做法没错，所变化的是其中的材料，墙面抹灰砂浆无论是1:2水泥砂浆，还是1:3水泥砂浆，统一被干拌砂浆所替代，2:1:8水泥石灰砂浆更是早已经被粉刷石膏取代，但许多地区的定额子目人、材、机含量表内还有此类材料，编制清单的人不懂材料的变换，投标人也不知道项目中具体运用的材料在现在规范中推广的是什么材料，前面误导，后面跟进，当施工时发现阴差阳错时，采用变更、洽商等一系列索赔手段要求清单项目重新组价，不管最终结果如何，至少投标时已经落入圈套。

如果图纸的建筑装修做法没有具体明确，投标时应该提出质疑，要求招标人对工艺做法进行澄清，因为墙面工程量不是一个小数字，装修阶段墙面报价赔钱，其他所有部位构件项目利润拿来补偿都难以堵上漏洞，如果稀里糊涂地中标，弥补的方法就是在图纸会审阶段要求设计根据现场实际情况澄清墙面工艺做法，如准备好图3-34所示的工艺澄清文件。

工序交接记录表

移交班组	木工	接受班组	钢筋
移交楼栋及户号	148号	移交楼层及工序	

移交与被移交单位对移交工作面的检查情况：

1.□经移交与被移交单位现场共同确认，工作面满足要求，同意移交。

2.□经移交与被移交单位现场共同确认，工作面不能满足要求（以双方确认的实测数据为依据，必要时可附照片）。

3.移交内容：	4.接收意见：
1）柱子模板垂直度（ ），8mm；	
2）板面平整度（ ），8mm；	
3）梁柱截面尺寸 −5,4；	
4）底模板上标高 0,±5；	
5）板面清理干净；	
6）板面涂抹隔离剂；	
7）不同界面搭接加固措施符合要求。	

备注：由乙方负责做好上道工序验收排查工作，做好界面交接，若因上道工序影响，造成的质量问题或其他相关问题，依旧由乙方承担；现将必须书面签字确认移交界面要求如下：1）±（ ）之上结构主体模板支好到上钢筋前的界面；2）钢筋绑扎完成到浇筑混凝土界面（即浇筑令）；3）主体结构完成到砌筑前的界面；4）砌筑到内墙粉刷的界面；5）内墙粉刷到批腻子前的界面；6）外墙粉刷到外墙涂料的界面；7）屋面及阳露台防水层到防水保护层的界面；8）屋面防水保护层及檐口粉刷层到屋面瓦铺设的界面；9）门窗洞口尺寸。

图3-34 工艺做法澄清表

　　如果业主、设计在会审时同意，会审后就要对"专用"的具体材料、材料的技术指标、材料的单价进行确认，明确材料、用法、用量、单价。无论是以签证的方式还是业主认价的方式（材料单价认价或工程总价认价），取得符合合同要求的完整资料，方可保证竣工结算时不被无理扣款。

　　由于设计疏忽，有时图纸会审时一些项目工艺会被全盘否认，如在实际施工中，无论是施工方还是建设方，为了保证抹灰不空鼓，全国大多数项目都要求采用墙面毛化处理工艺（即：甩浆或手动、机械喷浆）（图3-35）。

图3 35　墙面毛化处理实物

　　材料用量差异："建筑胶素水泥浆"的施工工艺为"刷"，"毛化处理"早期的施工工艺为"刮+拉"，现在一般采用人工"甩"或手动机械、电动机械"喷"。两者最大的差异在材料的用量上，"建筑胶素水泥浆"因为是"刷"或"批"上去的，所以很薄，后者因为采用"甩"或"喷"，且要有高低起伏的毛刺状，所以材料用量远远大于前者。以河北定额为例（陕西也有类似的定额子目），每100m²"建筑胶素水泥浆"的水泥、胶定额用量分别为165kg和2.89kg，"毛化处理"的水泥、胶定额用量分别为398kg和62.13kg。后者的水泥用量是前者的2.41倍，后者的胶用量更是前者的21.5倍。尽管定额考虑的用量与实际用量有出入，但"毛化处理"的材料用量大于"建筑胶素水泥浆"的用量是不争的事实（图3-36）。

　　人工用量差异：如果"毛化处理"采用人工"甩"，则比人工刷"建筑胶素水泥浆"的人工用量要大，现在大多采用手动机械或电动机械"喷"浆作业，由于是机械代替人工，其人工用量大大降低，甚至"喷"的人工消耗要比"刷"小一些，但后者的定额人工消耗仍是前者的2.32倍（图3-36）。

　　直接费差异："建筑胶素水泥浆"的直接费为160.48元/100m²，"毛化处理"的直接费为482.01元/100m²，后者是前者的3.0倍（图3-36）。

　　别小看这不起眼的小工艺，由于抹灰的工程量占比很大，以河北一般的高层、小高层住宅楼为例（24+2、11+1），内外抹灰的工程量合建筑面积的3.2～3.4倍（内抹灰2.5～2.7倍、外抹灰0.82～0.86倍），所以产生的造价也很大。仅定额直接费就相差3.22元/m²，折合建筑面积每平方米达10元左右。这仅仅是直接费差异，如加上人工调差、材料调差和取费，则差异更大。

定额编号	B2-680	B2-681
项目名称	素水泥浆	建筑胶素水泥浆一遍
基 价（元）	12█.█	160.48
其中　人工费（元）	7█.█	79.10
其中　材料费（元）	5█.█	81.38
其中　机械费（元）		—

名　称	单位	单价	数　量
人工　综合用工一类	工日	70.00	1.13
材料　水泥 32.5	t	360.00	0.165
材料　建筑胶	kg	2.50	2.890
材料　水	m³	5.00	0.060

定额编号	B2-685
项目名称	墙面毛化处理 100m²
基 价（元）	482.01
其中　人工费（元）	183.40
其中　材料费（元）	298.61
其中　机械费（元）	—

名　称	单位	单价	数　量
人工　综合用工一类	工日	70.00	2.62
材料　TG胶素水泥浆	m³	—	
材料　水泥 32.5	t	360	0.398
材料　TG胶	kg	2.5	62.130

图3-36　工艺中的材料、人工含量差

因此必须要有足够的经济意识，会审时一旦设计提出用"建筑胶素水泥浆"，应及时指出，从质量保证、业主要求、当地普遍做法等方面据理力争。一般来说，这种实事求是、符合当地习惯的做法，业主、设计不会无理拒绝。

上述所说的是传统的定额结算，现今这样的结算方法已经很少，大多采用清单报价法。即使清单报价，相对中规中矩的国有资金项目与房地产商的严苛做法也有很大的不同，应区别应对。

（1）按定额结算的：明确方向，约定在先，手续完备，过程跟踪，资料齐全，为根源之所在；

（2）按清单报价的：战略预判，部署明确，做好成本估算。

预算、结算、成本、索赔、合同准备的重点首先在于前期准备，需要的是更多的先见之明，而非事后诸葛。小工艺，大代价，功夫在细节，细节决定成败。时常听到这样的话：都像你这么考虑，造价比别人高了还能中标吗？现在市场上有3万元/辆的汽车，也有300万元/辆的汽车，因为有了节能、低价的车型就下结论高端汽车没有市场了，只能断定说这话的人并不懂市场。

本话题想表达的并不是"要与不要、算与不算、给与不给"的问题，在这里分享什么是细节、什么是大局观，细节与大局的关系，目的是和读者一起开拓思路思维，提高鉴别能力和大局观，使自己在众多信息活动的参与中质变为有着思考延伸的人。随着住房和城乡建设部办公厅《关于印发工程造价改革工作方案的通知》（建办标〔2020〕38号）下发，以后定额的使用率会逐步降低直至消失，造价与市场接轨，我们不能再有传统的定额思维，这就要求造价人员对施工技术有更多的掌握，对施工工艺有更透彻的分析。

15 一个常识性问题，为何难倒一大批造价人员？

成本、指标、数据是未来的趋势潮流，作为一个基层的造价人员，适应新形势，迎接新挑战，改变固有的定额思维，在实践中注意培养自己的成本、指标、数据能力日益重要。

这是一个简单、常见的塔式起重机护圈（图3-37），如果问：它有哪几个常规的技术经济指标数据？影响它成本的主要因素有哪些？相信会难倒一大批年轻的造价员。下面和大家一起分析讨论。

图3-37 塔式起重机护圈

1. 护圈的常规技术经济指标

（1）护圈的常规直径

塔式起重机标准节加上标准节上的零件，外围尺寸一般为1.9m（图3-38，特殊的也有外径2.1m左右的），四周留足人员操作的工作面，护圈的一般内径为4.0m。

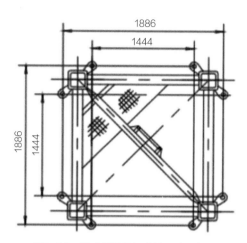

图3-38　塔式起重机标准节尺寸示意图

（2）一周圈用砖块数

理论上一周圈的用砖量为109块（4.0×3.14÷0.115≈109块），由于砌筑时护圈的内侧可能会有小小的缝隙（图3-39），所以实际的用砖量一般是108块。但现在市场上砖的规格有所缩小，标准的115mm宽的砖已经很少，一般在113~114mm，故一周圈的用砖量可能会增加一块，约为109块（±1块）。当然，这与砌筑时内侧有没有缝隙或缝隙的大小有关（瓦工砌筑的手法习惯）。

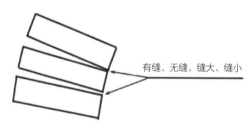

有缝、无缝，缝大、缝小

图3-39　护圈砖缝示意图

（3）1m高的护圈是几皮砖

同上，由于现在市场上砖的规格大幅缩小，标准的53mm厚的砖几乎绝迹。各地砖的厚度乱象纷呈，厚度在45~50mm，超过50mm厚的砖已很难见到。由于砖厚度的极大差异，1m高的砖墙就会出现1皮砖的误差。一般来说，现在的砖的厚度通常为48mm±1.0mm，故1m高的砖墙一般在17皮左右（＋17皮或-17皮）。

按此计算，每1m高护圈用砖量为：17皮×109块/皮≈1853块；每1m高护圈的体积为：4.24（周长）×3.14×0.24×1.0（高）≈3.19（m³）；折合每立方米用砖量为：1853块÷3.19m³≈580块/m³。约超定额用量530块/m³的9%。

当然，这是按灰缝10mm考虑的，现在商品砂浆砂子细、和易性好，灰缝可能变小，所以，砖的用量还可能略大（但砂浆用量变小）。故需注意按当地市场的实际规格确定每立方米护圈砖的含量，可通过砖用量计算式计算验证：砖净用量＝1÷［墙厚×（砖长＋灰缝）×（砖厚＋灰缝）］×KK－墙厚的砖数×2；墙厚的砖数指：0.5、1.0、1.5、2.0、2.5、3.0。

如240mm×115mm×53mm标准砖的砌体立方米用量约为：

灰缝10mm：砖净用量＝1÷（0.24×0.250×0.063）×2≈529.1（块）（灰缝9mm：砖净用量≈539.8块）。

则48mm厚非标准砖的砌体立方米用量约为：

灰缝10mm：砖净用量＝1÷（0.24×0.250×0.058）×2≈575（块）（灰缝9mm：砖净用量≈587块）。

2. 影响护圈成本的主要因素

除了砖的不标准直接影响了护圈材料成本外，影响护圈成本的因素还有：

（1）施工环境

1）施工环境直接影响着成本，现场条件不同，用工量也不同。因场地限制，很多情况下，砖、水泥、黄沙进不到砌筑位置，商品砂浆罐也不在塔式起重机附近，需人工倒运至砌筑所在地，于是出现二次运输。施工条件、现场环境是影响成本最不确定的动态因素。

2）由于高差较大（负二层的落差可能在-6m以上），砖进入基坑很成问题，大部分用溜槽溜下基坑，再搬到瓦工手中。

随着护圈高度的上升，需搭设临时脚手架、加高脚手架、抽换脚手板。溜下基坑的砖，还需搬上脚手架，如是2个瓦工砌筑，此时下面至少需要2个小工。加上地上搅拌砂浆、运输砖、运输砂浆、递砂浆的小工，至少需要3个小工。砌筑中段时，4个小工服从2个大工，也不为过。小工的用工量很大，大小工的比例远远超出正常楼层砌筑的用工比例。用工量大，是成本不确定的最大因素。

很多地方砌筑楼层的砖，包给班组的人工费大约为0.45～0.50元/块，而这样的护圈，如现场条件差，人工成本至少在0.60元/块，甚至是0.65元/块。

（2）材料的质量与管理

现在的免烧砖的质量远不及烧结的黏土砖，其强度低、容易断。采用溜槽溜下基坑的砖，如保护措施不力，则损坏严重。

免烧砖与烧结砖不同，烧结砖断掉的半截断砖可以利用，而溜槽溜下的半截免烧砖，因其特性使然，很多完全破碎，不能使用。所以，砌筑下半截护圈时，溜槽溜下的砖损耗量很大，大大超出正常的砌筑损耗水平。

影响成本的不仅是材料的质量，还有管理因素，正所谓向管理要效益。

3. "大隐隐于市，小隐隐于野"的成本、数据

护圈的直径看似与预算无关，但却是预算员工地概念模糊、现场知识薄弱、预算脱离施工的一种体现，从侧面反映出一个预算员与施工的结合深度。一个具有此类现场施工常识的预算员，他的综合技能必不会差到哪里。

预算员计算砌体本是按立方米计算的，根本用不着用点块数的方式去确认。周圈用砖块数、每米高度的皮数，压根不用预算员去关心。然而它却是了解市场、判断市场的一种辅助方法，也是掌握实际成本的有效来源。

通过10皮灰缝或1m高砖墙皮数的判断，从中可以找出一些规律：是灰缝大了，还是砖薄了？前者的立方米砂浆用量大，后者的砖用量大。从而可得到最实际的砖、砂浆立方米用量的指标、数据，再通过其他辅助的分析统计，就能得到最实际的材料成本，同时也掌握了当地的市场，所谓"小隐隐于野"。因为成本、指标、数据不是"死套"定额来的。

项目的属性是影响工程成本最直接的因素，如护圈的高低对成本的影响很大，砌筑3m高与砌筑5m高，同样1m³的砌体，其小工的用量明显不同，每立方米的人工单价也不同。

在众多因素中，最不确定的就是外部环境对成本的影响。同样的图纸、同样的砌筑高度、同样的工程量、同一组人砌筑，工地不同、施工环境不同，发生的成本也不

同。如砂浆与砌筑点、砖能送到砌筑点的最近距离等，现场条件好的，送砖的车辆还能直接进入基坑砌筑点等。影响成本的因素具有很强的化学性，所谓"大隐隐于市"。它不仅需要造价人员精通预算，更要精通施工，只有知道了怎么做，才有预判识别能力，懂施工，深入施工现场预算才会做得更精，这也是造价人员综合能力、核心竞争力的体现。

4. 结论

砌筑4.0m高这样的护圈，人、材、机的成本在8000～9000元，对工程的总价影响不大。此处讨论的不是该不该算、如何算的问题。主要是通过本话题和读者一起拓展思路，通过一个简单的塔式起重机护圈成本分析，培养自己对整个项目的成本、指标、数据控制能力和系统的大局观，成本、指标、数据不是书本上的概念、理论，更不是口号。

16　80%的造价人员还未意识到迈进"套定额"的误区

一位入行不久的新人通过套定额做一个工程项目的控制价，领导审核时看到他套的外墙定额，甚为不满，说其不用脑子，责令回去修改。十分努力的他感到很是委屈，于是发来相关资料（图3-40、图3-41），希望能得到指点。

外墙常见的设计工艺做法以及施工工序如下：

（1）基层墙面修补、清理，混凝土墙堵螺栓孔；

（2）加气混凝土砌块与混凝土墙构件交接处挂钢丝网（如有）；

（3）加气混凝土砌块与混凝土墙构件交接处建筑防水（如有）；

（4）（放线做灰饼）基层界面处理；

（5）外墙砂浆找平第一遍；

（6）外墙砂浆找平第二遍（如有）；

（7）找平层上基层界面（如有）；

（8）聚苯板＋锚栓（含防火隔离带）、留分隔缝（如有）；

（9）按立面图，板面分格缝（如有）；

（10）板面刷界面剂（一般有）；

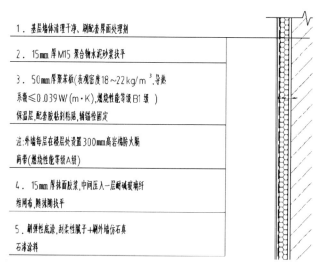

图3-40　外墙工艺做法

⊿ 011201001001	墙面一般抹灰	1. 外墙3 2. 基层墙体清理干净、刷泥浆界面处理剂 3. 15mm厚抹面胶浆,中间压入一层耐碱玻璃纤维网布,随抹随找平	m²	8204.64	8204.64
14-32	保温砂浆及抗裂基层 刷界面剂 加气混凝土面		10m²	Q/10	820.464
14-10 换	抹水泥砂浆 混凝土墙外墙		10m²	Q/10	820.464
14-78	混凝土墙、柱、梁面每增一道 刷901胶素水泥浆 外墙		10m²	-Q/10	-820.464
14-10 换	抹水泥砂浆 混凝土墙外墙(预拌)		10m²	Q/10	820.464
14-78	混凝土墙、柱、梁面每增一道 刷901胶素水泥浆		10m²	-Q/10	-820.464
14-28	保温砂浆及抗裂基层 墙面耐碱 玻纤网格布 一层		10m²	Q/10	820.464

图3-41　清单项目组价

（11）抗裂砂浆＋网格布＋抗裂砂浆；

（12）分隔缝、分格缝嵌填防水油膏。

从图3-41套用定额的顺序看，可以得知组价人对外墙施工工序十分陌生，定额子目套用得颠三倒四没有顺序感可言，看完清单项目组价，不知道工序该如何顺序排列进行施工。这里一一进行工序分析：

（1）大部分地区定额的抹灰子目中包括了基层界面处理，如江苏定额考虑的是"901胶水泥浆"，但也有地区没有考虑此工序的，如河北的抹灰定额（B2-

260～B2-269）则不包括基层处理，需另行计算。

"刷配套界面处理剂"组价时虽然进行了换算，但换算的只是14-32加气混凝土砌块墙的界面剂，没有14-31混凝土墙面，一般的工程墙面不可能只是一种结构类型。如果真较真墙面抹灰，加气混凝土砌块墙与混凝土墙两者的工程含量应该在组价时区分比例才正确，因为针对两种结构类型墙体基础抹灰，人、材、机的消耗量会略有不同。

如果多用几个地区的定额会发现，墙面基层处理工艺几乎是清一色的"墙面毛化处理"，即甩（拍）浆或用小机械喷毛（图3-42）。刷水泥胶浆、界面剂在实际的施工中几乎绝迹。

甩（拍）浆（毛）

喷浆（毛）

图3-42 墙面甩（拍）浆、喷毛工艺

（2）"50mm厚聚苯板……锚栓固定"，组价人用的定额子目没有错误，但忽视了锚栓的数量这一重要环节。根据相关的图集及一些地方的规定，保温板锚栓的用量随楼层的升高而逐渐增多（高处风压大），风压小的底下若干层要求每平方米使用3～4只锚栓，中间若干层要求每平方米使用6～7只锚栓，最上面若干层有要求每平方米使用11只锚栓的规范做法。当然，全国的地域气候差异很大，各地要求可能也不同。

定额锚栓的数量是综合考虑的（河北定额7只/m²；江苏定额的砖墙、混凝土墙分别是6～7只/m²），当楼的高度很低时，平均用量可能低于定额水平，反之则可能超定额水平。从成本角度考虑，应给予换算锚栓的数量，是否要换算，另行讨论，但作为预算员，至少应该知晓保温板锚栓的变化规律，但从组价表中明显感觉组价人没有考虑到这个含量问题。

（3）一些组价时的逻辑错误

1）错误一：如图3-43所示。

14-32		保温砂浆及抗裂基层 刷界面剂 加气混凝土面
14-10	换	抹水泥砂浆 混凝土墙外墙

图3-43　墙体描述不一致

14-32的界面剂刷在加气混凝土砌块墙面，但14-10的抹灰却是"混凝土墙外墙"，到底是什么墙面？是不是既有混凝土墙，又有加气混凝土砌块墙不得而知。

2）错误二：是抹灰还是找平？是聚合物水泥砂浆还是水泥砂浆？（图3-44）

2. 15mm厚 M15 聚合物水泥砂浆找平		
14-10	换	抹水泥砂浆 混凝土墙外墙（预拌）

图3-44　清单项目描述与定额子目名称不符

设计要求的是"聚合物水泥砂浆找平"，套用的14-10是墙面抹灰定额，而不是"找平"定额。墙面抹灰与找平，两者都是抹灰，但工艺及要求不同。墙面抹灰精度要求高（平整度、垂直度，尤其是观感的光洁度等），故定额的人工含量大；而找平无须压光，精度、观感度要求略低，定额的人工含量小。显然定额的使用有误。

图纸要求的找平是"聚合物水泥砂浆"，而套用的是普通的商品水泥砂浆，没有进行材料换算。是粗心还是对工艺、材料、成本的敏感度不够？虽然对定额进行了换算，但换算的不是材料品种，而是厚度（定额含量是20mm厚，设计是15mm厚），乃定额运用的最大错误所在。

3）错误三：弄错的"抹面胶浆"（图3-45）

图3-45　贴布工艺

所谓的"抹面胶浆"，就是传统的聚合物抗裂砂浆，一般聚苯板面（挤塑板）聚合物抗裂砂浆的抹面厚度为5mm左右，而设计为"15mm厚"。"聚合物抗裂砂浆"不同于"抗裂砂浆"，极难抹到15mm厚，也根本没有必要抹这么厚，是严重的设计错误。5mm与15mm相差2倍，不是一个小数目。

如不进行答疑澄清，很有可能被中标人利用，由于设计的错误加之设计用词欠缺及对规范的概念不清，定额套用望文生义，居然将"15mm厚抹面胶浆"套成了14-10的混凝土墙面抹灰。

扣除了定额中的901胶素水泥浆（图3-46），却不增加聚苯板面的界面剂。

| 14-78 | 混凝土墙、柱、梁面每增一遍 刷901胶素水泥浆 | 10m² | -Q/10 |

图3-46 素水泥浆工艺

做招标控制价实际与投标报价是一个性质，笔者也经常作为咨询方做招标控制价，但做招标控制价时的心态绝对与咨询公司的同行不同，想得最多的问题是：每一个综合单价是否低于成本，如果低于成本，尽可能在可以解释的范围内将项目清单综合单价调整合理，毕竟做招标控制价不同于投标报价，不能随意更改定额含量及人、材、机单价，要把价格做合理，必须研究透每个清单项目的施工工序，定额组价时不丢工序，才能将报价做得接近实际成本，如外墙抹灰工序看似一个非常基础型的工艺做法，实际套用定额以及用信息价填报人、材、机单价组出的价格很可能低于成本，招标控制价低于成本是非常失败的咨询案例，会给业主方带来许多麻烦，也会在项目竣工结算时凭空生出许多难以解决的争议。笔者经手的每一个招标控制价交到雇主手中后都会附上一个承诺：如果投标方感觉招标控制价低于成本而造成流标，不用再找咨询方重新报价，也不用重新招标，笔者可以亲自组织人员完成项目施工图纸内的全部工作内容。

案例中只列举了一个平面外墙的清单项目组价，如果再混杂进窗沿滴水线、外墙分隔（格）缝（图3-47）、外门窗侧壁保温、网格布密度、聚合物抗裂砂浆厚度、保温板刷界面剂、墙面堵螺栓孔等工艺，组价时考虑的问题更加复杂，综合单价成本测算难度系数也会增加。

对工序、工艺的理解不亲自到施工现场经历一段时间是建立不起来形象进度的，设计人员脱离施工现场，咨询人员不愿意深入施工现场，施工单位的人员还整天想着要跳出施工现场，做工程的人本应该在施工现场磨炼的工序被人为省略和跳过，在工程施工中任意省略工序的行为叫"偷工减料"，工程造价人员自己对自身的价值"偷工减料"，被人识破又能如何怨天尤人呢？

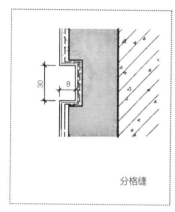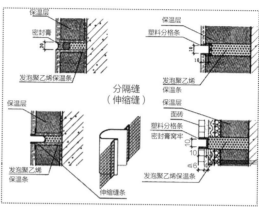

图3-47 外墙其他工艺

17 为什么说有些地区的定额螺栓含量不科学？

各地区的定额现在编制得越来越五花八门，就算是为了符合当地的人文环境、规范标准、施工特点，在编制定额时也不能违背消耗量的客观规律而随意编制一个定额子目。定额编制原则就是工序衔接紧密，消耗量测算准确，不管是一条定额子目还是多条定额子目集合，反映出的清单项目的全过程工序一个环节也不应该缺失。下面笔者分析一个定额子目，希望对编制和使用定额子目的人有所借鉴。

1. 定额中的对拉螺栓

模板的对拉螺栓，国内的定额不外乎有两种计算法：一种考虑在模板的含量中，除了固定螺栓，不再单独计算（如辽宁地区的定额编制说明）；另一种以质量（或"套"）为单位单独计算，不在模板的含量中考虑（如河北地区的定额编制说明）。两种计算规则各有所长，前者方便计算，减轻了工作强度；后者反之，但准确度比前者高。

2.对拉螺栓·基础梁与梁式满堂基础

对拉螺栓消耗量考虑在模板含量中，其基础梁对拉螺栓的定额含量为6.477kg/100m²模板接触面（图3-48）。

定额编号					基础梁模板	单梁、连续梁模板（梁宽cm）		拱形梁模板
子目名称						25以内	25以外	
						支模高度3.6m		
基价（元）					5149.64	5762.07	6335.90	8689.73
其中	人工费（元）				2413.70	3495.18	3844.43	5295.33
	材料费（元）				1912.65	1109.75	1242.30	1741.60
	机具费（元）				148.22	186.91	186.91	203.78
	管理费（元）				675.07	970.23	1062.26	1449.02
分类	编码	名称	单位	单价（元）	消 耗 量			
人工	00010010	人工费	元	—	2413.70	3945.18	3844.43	5295.33
	01030017	镀锌低碳钢丝 φ4.0	kg	5.38	38.630	16.070	17.680	26.680
	03011325	对拉螺栓	kg	5.38	6.477	0.377	5.794	0.412

图3-48　对拉螺栓在模板中的含量

根据基础梁的普遍特征，定额对螺栓的含量为综合考虑，没有区分梁断面的宽度，方便了计算。

但令人不解的是，定额在考虑基础梁对拉螺栓的同时，梁式满堂基础对拉螺栓的含量却未予考虑（图3-49）。

梁式满堂基础一般有两种形式：下翻梁满堂基础和上翻梁满堂基础（图3-50）。

下翻梁满堂基础，其下翻的地梁一般采用砖模，无须对拉螺栓。而上翻梁满堂基础，当上翻的梁达到一定高度时（一般超600mm），一般都需使用对拉螺栓，一是防止胀模，二是便于地梁平直度的控制。

两种类型的梁式满堂基础，执行的是同一定额子目。但对于使用对拉螺栓的上翻梁满堂基础，对拉螺栓则无法计算到。从这一角度去看，该定额考虑得尚不够全面。

定额编号					满堂基础模板		设备基础螺栓套模板(长度)	
子目名称					无梁式	有梁式	1m以内	1m以外
基价(元)					4103.69	4661.81	469.92	825.96
其中	人工费(元)				2234.26	2466.66	194.89	322.20
	材料费(元)				1166.11	1416.63	215.63	409.38
	机具费(元)				90.69	101.75	6.37	7.50
	管理费(元)				612.63	676.77	53.03	86.88
分类	编码	名称	单位	单价(元)	消耗量			
人工	00010010	人工费	元	—	2234.26	2466.66	194.89	322.20
材料	01030017	镀锌低碳钢丝 φ4.0	kg	5.38	29.610	37.140	2.010	6.570
	03019021	圆钉 50~75	kg	3.54	9.990	14.620	2.340	2.400
	05030080	松杂板枋材	m³	1180.62	0.354	0.518	0.163	0.300
	05050120	防水胶合板 模板用18mm	m²	31.81	15.000	15.000	—	—
	14350250	隔离剂	kg	7.05	10.000	10.000	0.580	1.610
	99450760	其他材料费	元	1.00	5.85	5.85	—	—

图3-49　梁式满堂基础定额子目及含量

上翻梁　　下翻梁

图3-50　梁式满堂基础实景

3. 对拉螺栓·梁与有梁板

查阅该地区定额，板的模板只有有梁板、无梁板、拱形板、亭面板四个子目，没有常见的平板子目，在全国各省市的定额中，这种现象非常少见。定额分析可见，有梁板的材料中未见对拉螺栓含量（图3-51）。由此说明，有梁板模板的定额是按无对拉螺栓考虑的。

定额编号				▉-75	▉-76	▉-77	▉-78
子目名称				有梁板模板	无梁板模板	拱形板模板	亭面板
						支撑高度3.6m	
基价（元）				5423.29	4604.94	8706.81	12722.23
其中	人工费（元）			2976.20	2539.11	5338.64	7370.31
	材料费（元）			1321.93	1136.02	1595.71	3050.22
	机具费（元）			269.83	206.37	289.46	284.62
	管理费（元）			855.33	723.44	1483.00	2017.08
分类	编码	名称	单位	单价（元）	消耗量		
人工	00010010	人工费	元	—	2976.20	2539	5338.64	7370.31
材料	01030017	镀锌低碳钢丝 φ4.0	kg	5.38	22.140	—	36.750	—
	03019021	圆钉 50～75	kg	3.54	1.700	1.700	2.170	33.000
	05030080	松杂板枋材	m³	1189.62	0.281	0.321	0.809	2.420
	05050120	防水胶合板 模板用 18mm	m²	31.81	15.000	13.125	—	—
	13410010	嵌缝料	kg	0.58	—	—	—	10.000
	14350250	隔离剂	kg	7.05	10.000	10.000	10.000	10.000
	35090220	钢支撑	kg	3.88	79.655	65.888	91.846	
	99450760	其他材料费	元	1.00	8.33	7.37	8.33	

图3-51　模板定额子目及含量

实际施工过程中使用普通复合模板，当有梁板梁的净高超过600mm时，一般均考虑设置对拉螺栓，净高小于500mm时，就很少使用。以常见的8.0m×8.0m的框架为例（图3-52）：

（1）十字梁有梁板，梁跨净长≈3.80m，水平距离一般设2～3根；

（2）井字梁有梁板，梁跨净长≈2.50m，水平距离一般设1～2根；

（3）垂直距离，一般为一道；梁净高超0.9～1.0m才考虑设置两道。

与基础梁原理相同，对拉螺栓一是防止胀模，二是便于梁平直度的控制。由于梁的高度普遍不会很高，混凝土的侧压力较小，对拉螺栓的抗拉作用有时相对次要，控制平直度的作用反而变得主要。

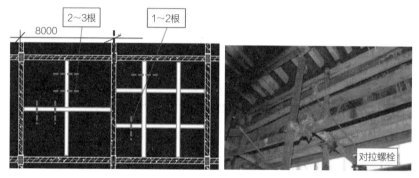

图3-52　有梁板的梁模板

当前已很少见到混合结构的建筑，除了无梁板和预制板楼面，真正意义上的平板确实不多，现浇板多多少少与梁有点关联，框架结构的工程几乎都是有梁板，而有梁板的梁，很多需使用对拉螺栓，尤其是框架主梁，其断面高度较高，使用对拉螺栓加固极为常见。

结合实际施工，加上"由于定额没有平板模板子目，套定额时就会下意识地往有梁板定额上考虑"的事实，有梁板模板定额不考虑对拉螺栓，就显得很不合理。

4. 对拉螺栓·墙

与其他地区定额略有不同的是，该地区的墙模板定额，对于不同的墙体厚度，有不同的定额子目。尽管40cm、70cm、100cm厚的墙定额子目不同，但对拉螺栓的含量却相同，都为50.184kg（图3-53）。

根据力学理论，混凝土对模板的侧压力与高度有关，与厚度无关。也就是说，当高度相同时，对于1.0m与0.1m厚的现浇混凝土墙，混凝土对模板的侧压力基本相同。所以，0.4m厚与1.0m厚的墙，所用的对拉螺栓根数相同。以此视角看，不同的墙厚，相同的摊销量，是合理的。

定额编号					■■■■■-51	■■■■■-52	■■■■■-53
子目名称					直形墙模板		
					墙厚(cm以内)		
					40	70	100
					支模高度3.6m内		
基价(元)					4023.38	4627.29	5231.19
其中	人工费(元)				1868.55	2241.95	2616.29
	材料费(元)				1423.59	1555.71	1686.63
	机具费(元)				189.06	189.06	189.06
	管理费(元)				542.18	640.57	739.21
分类	编码	名称	单位	单价(元)	消 耗 量		
人工	00010010	人工费	元	—	1868.55	2241.95	2616.29
	01030017	镀锌低碳钢丝 φ4.0	kg	5.38	60.610	72.730	84.854
	03011325	对拉螺栓	kg	5.38	50.184	50.184	50.184

图3-53 墙模板对拉螺栓含量

众所周知，对拉螺栓的质量与其长度有关，而对拉螺栓的长度又与构件的断面宽度有关。不同的墙厚，对拉螺栓的单根质量不同。以ϕ14的对拉螺栓为例，定额40cm与100cm厚的墙，每根对拉螺栓的质量相差了0.73kg（0.6m×1.21kg/m）。以此视角看，不同的墙厚，相同的摊销量，就显得不甚合理。但不合理的原因并非这么简单。

周转螺栓的回收率是衡量摊销量大小的重要指标。实际施工证明，周转螺栓的回收率与断面的宽度成正比，墙的厚度越厚、柱的断面越大，周转螺栓的回收率越低。究其技术原因为：构件的断面宽度越大，周转螺栓用的塑料管就越长，挠度越大，强度越低，与混凝土的接触面增多，受浇筑时混凝土的冲击、流淌、振动棒振动的力变大，对塑料管破坏就多，导致螺栓无法回收。这也是不同的墙厚、相同的摊销量不合理的又一重要原因。

5.结论

有人说过：定额反映的是一种平均先进的工艺水平，而非数字本身。所以，用某项与某定额的比较来判断定额是否合理，不但片面，而且幼稚。

其实，讨论定额是否合理，主要看定额工序内人、材、机消耗量是否与实际工艺消耗量相符。本话题旨在通过对工艺的分析，搞清楚事物的本质，更好地理解定额，从而形成专业直觉，是理论与实践结合的具体表现。无论是对图纸的认识、清单的理解，还是签证索赔、成本预控、数据指标，多多少少都与施工有关、与工艺有关。它是预算员的基础，也是永恒的话题。很多时候，对定额的理解深度，取决于工程造价人员施工实践的多少、预算与施工结合的多少，以及基本功的深浅。

很多工程造价人员在工作了一段时间后，遇到成长瓶颈觉得造价原来不如想象的简单，再往后做的时间越长，感觉自己懂得越少，原因就是在补之前没有达到的基本功知识。

18 如何用造价人的视角看待预拌砂浆的亏损？

预拌砂浆因具有环保、节能减排、减少城市粉尘污染、保证建筑工程质量等功能，被广泛使用。在污染严重的京津冀地区，替代现拌砂浆已成为必然趋势。

在使用预拌砂浆的几个工程中，经事后的两算对比，均产生不同程度的亏损（一般亏损额度在10%～15%），经多年的分析和总结，现就预拌砂浆的亏损原因，以造价人的视角，谈谈笔者个人的看法。

河北住宅楼的砌体设计一般为：

（1）筏板砖模：实心砖；

（2）地下砌体：实心砖墙或混凝土空心砖砌块；

（3）地上砌体：加气混凝土砌块。

1. 分析一：设计原因

开发商为降低成本，要求设计院设计出的图纸都是采用规范下限的数据，如内外墙抹灰一般为15～20mm厚，设计图纸就会注明15mm厚。虽然理论上成立，但因各种因素的制约，墙面实际抹灰厚度20mm左右（尤其是外墙，一般的模板、一般的施工队，墙面平整度误差较大，抹灰层必须达到20mm厚甚至20mm以上厚度才能掩盖结构缺陷）。因为图纸数据限制，编制投资成本概预算时只能按15mm砂浆厚度考虑造价，设计损耗是抹灰砂浆材料及人工消耗量亏损的主要原因。

2. 分析二：砖不标准

现在一砖实心墙已不是传统意义上的砖墙了。黏土砖已被非烧结砖替代，目前全国市场上粉煤灰水泥标准砖的规格为240mm×115mm×（49～50）mm、200mm×95mm×（49～50）mm，砖的厚度比规定的标准规格薄了3～4mm（暂且不论砖的长度和宽度）。

按理论计算，本应12皮的砖墙，实际需砌13皮，也就是说，每砌约750mm高的墙体，要多砌一皮砖。

以普通住宅楼地下储藏室为例，其层高为2.9～3.0m，扣除约400mm高的梁和梁下约150mm高的斜砖，同样体积的砖墙，多出3皮砖，也多了3条砂浆缝。

粗略计算，由于砖规格尺寸不标准，砌筑一道2.9～3.0m高的墙体，砌筑砂浆消耗量增加至少6%。

3. 分析三：实际与定额水平

（1）定额考虑的一砖墙是240mm厚的标准砖（见定额子目材料，均为240mm砖），而现今河北各地区的住宅楼，设计几乎全部为200mm厚墙，有的高层住宅楼，在楼层上半部分采用180mm、160mm厚的混凝土墙及加气混凝土砌块墙。众所周知，砌块（砖）的体积越小，表面积的比例就越大，砖表面积越大，砂浆的使用比例就越高，造成隐性亏损。如有的普通住宅楼的地下储藏室，设计的实心砖墙为200mm厚［市场供应的砖的规格为200mm×95mm×（49～50）mm］，同样是一砖墙子目，但砂浆的用量却增加了。

（2）同理，地上的加气混凝土砌块墙的厚度几乎是清一色的200mm、100mm，更有180mm、160mm厚。而定额考虑的是240mm墙（见定额子目材料，配砖均为240mm砖），实际施工与定额水平出现很大的差异。

（3）河北的加气混凝土砌块墙定额没有半砖墙子目（有的省市定额分半砖墙和一砖墙子目），而半砖墙与一砖墙的砂浆含量比率相差在12%左右。也就是说，每砌1m³100mm厚的加气混凝土砌块墙，就要多消耗12%左右的砌筑砂浆。

（4）有的地区加气混凝土砌块定额中没有考虑配砖（如贵州），定额材料全部是加气混凝土砌块，但实际施工却有配砖工艺，造成砖与砂浆的双重亏损。

因为定额在编制时没有考虑应有的消耗量，也是砂浆亏损的一个原因。

4.分析四：技术管理

定额预拌砂浆的含量以质量为单位，其考虑的理论质量约为$1.75t/m^3$，由此可见，砂浆的含水率几乎为零，同时也可以看出，定额考虑的预拌砂浆理论质量是相当规范的。

预拌砂浆各生产厂家的生产水平各有差异，所用的预拌砂浆是否规范？购进的商品砂浆是否接近定额的密度水平？这需要我们很好地掌握。

也就是说，送到工地的预拌砂浆，即使质量无误，但它的体积可能达不到技术参数指标（如含水率高或其他添加物超标等），这又是亏损的一个重要原因。

据此，在订立预拌砂浆供货合同时，订立双控标准条款很是重要（既要保证到施工现场后的质量指标，又要考虑保证体积参数），它是防止预拌砂浆亏损的一个重要环节（理论如此但几乎没有人能做到的原因，除极难做到的客观因素外，材料管理成本增加会抵消部分材料管理节约下来的成本费用）。

5.分析五：砌墙工艺

砌墙工艺的不同，也影响砂浆的使用含量。比如：有的施工单位，砖墙的上口不砌斜砖，而是预留20mm左右的隙缝，再用柔性材料填充（安徽省规定），也有的用细石混凝土填充。

砖墙上口砌斜砖，因操作较难，许多施工单位就用砂浆来填补，其砂浆的用量、损耗率远远超过一般的实心墙用量。

6.分析六：质量管理

混凝土主体结构质量差，主体结构质量也影响着砂浆的用量。比如：地面高低不平，需要找平，又因现场管理问题，本应用细石混凝土找平的，为图方便，顺手用了预拌砂浆找平，造成浪费。

竖向混凝土结构、砌筑墙体质量差：主要表现为平整度、垂直度差，造成内墙抹灰时的厚度超出图纸要求。这是质量管理意识差、质量管理不严造成的浪费。

上道工序遗留质量缺陷导致下道抹灰砂浆工序材料消耗超定额含量。

7. 分析七：现场管理

现场管理中，一般常见的情况主要表现为：

（1）为图砌筑方便，能砌加气混凝土砌块的地方全部用了配砖砌筑。

标准砖与加气混凝土砌块单比较材料价格成本，标准砖单价接近1元/块（528块/m³），加气混凝土砌块约为360元/m³（同时也造成了砖的亏损，1m³实心砖墙的价格是加气混凝土砌块墙的1.34倍），不考虑材料价格差异，1m³标准砖墙的砂浆用量是加气混凝土砌块墙的2.8倍。

（2）因各种原因，或为凑皮数，不采用其他办法，随意加高墙下部的实心砖皮数，造成砌筑砂浆和砖墙材料的双重亏损。

（3）安装上随意敲凿，或不预理，待墙体完成后再行敲凿，土建再行补砌，而补砌洞孔会再次造成砌筑砂浆、抹灰砂浆和砖用量的超支。

据此，推行"墙体隐藏线管砌筑"确实很有必要（图3-54），它是节约砂浆（补槽）的一个很有效的手段和方法，此法用于混凝土空心砖砌块墙上效果尤其明显。

图3-54　墙体隐藏线管砌筑工艺

此种工艺开孔、打洞看似费工费时，但如果砌筑时不开孔，砌筑后电工还要完成剔槽、布管、补槽工序，墙体隐藏线管砌筑工艺方法实际省略了剔槽、补槽工序，瓦工虽然在砌筑墙体时会因为边砌筑、边敷设线管耽误一些工时，但是总体节省了补槽工序大致可以弥补工时损失，采用这种方法进行电线管敷设，将开槽的明敷线管工艺改变为线管的暗敷工艺，对电线管敷设是一次革命性的工艺改进。新工艺人工消耗量没有具体统计，1个电工配合2个瓦工师傅砌筑8h应该能完成4～5m³加气混凝土砌块砌筑工作。现在施工工序砌筑与电气安装不是一个劳务分包主体，推广此类协同作业的难度较大，这就是施工现场这项工艺极其少见的原因。

在达到规范标准要求的前提下，减少加气混凝土砌块墙上配砖砌筑工程量，侧面可以体现出现场成本管理的水平。

（4）浪费。砌筑砂浆、抹灰砂浆的浪费主要表现为落地灰不加以利用，砌完砖（或抹灰）后楼层中遍地是硬化板结的砂浆，既浪费了材料又消耗了清理的人工，属于典型的现场管理不严。

8. 分析八：收料管理

（1）大面积的砌筑砂浆与抹灰砂浆现在都是采购预拌砂浆，采用由罐车输送的砂浆吨位质量、体积的双控制（除了抽查罐车质量也没有太好的砂浆验方手段）；

（2）收料人员应具备一定的预拌砂浆常识数据，如一罐车砂浆最终转换为材料二次搬运的小型电动车辆是几车要心中有数；

（3）总结一天运至施工现场的砌筑砂浆（或抹灰砂浆）质量或体积，再反算一天的砌筑或抹灰实物量得出的含量比，然后对照计划成本的砂浆消耗量指标，分析节约和超支的原因。

9. 结论

需要注意的是，虽有预拌砂浆的相关文件出台（一线大城市甚至出台了施工现场不能使用袋装干拌砂浆的通知文件），但目前许多的设计图纸仍未明确砌筑砂浆或抹灰砂浆必须使用预拌砂浆。设计图纸工艺存在严重滞后的问题，如许多建筑、装修图纸中还能看到混合砂浆的材料工艺做法，现实中混合砂浆早已经被粉刷石膏所替代，作为工程造价人员不能说定额子目中还能找到混合砂浆，就按图纸工艺做法直接套用混合砂浆抹灰甚至是混合砂浆砌筑等定额子目。因图纸未明确，有的招标工程量清单在"项目特征"中也未明确必须使用预拌砂浆，招标控制价编制人员可能就会按照市场上最低价格的材料组价，如不同配合比的水泥砂浆，导致每平方米抹灰材料价格低于成本30%左右。投标方应该对招标文件的合同条款、招标图纸、工程量清单的"项目特征"进行认真复核，与建筑行业现行文件有出入的疑点，及时进行投标答疑，或在以后的合同签订时明确，以防止因为合同中出现"执行现行的政府文件"之类的条款而影响实际成本。总之，砌筑工程中以"m³"计算工程量的方法在现阶段砌块规格变化很大的情况下并不适用，不仅因为砌筑砂浆的含量相差很多，而且人工消耗量差距更大，砌筑厚度90mm的墙体每平方米人工消耗量比砌筑200mm厚墙体人工消耗量多80%，砌筑工程应该用"m²"计算工程量，至少墙体厚度150mm以内的砌筑墙体要用"m²"计算工程量，这样编制定额人、材、机含量与实际消耗标准才可以更接近。

19 "以命相搏"的血泪成本背后

关于工程造价的难易问题，一位同行的话很具代表性，他说他工作三年多了，但不知为什么，感觉自己懂得似乎反而变少了。当时讨论很是热烈，笔者认为：不是越干得多懂得越少，而是越干得多经历积累得越多，学会了从多视角观察，因此发现的问题也越来越复杂。是三年多的积累满足不了万千变化工作的需要，越干懂得越来越少只是一种错觉。一个工程有多少分部分项、有多少的工艺流程和操作工艺，只凭书本上的感性认知，没有把自身置于其中不可能全面掌握。不信可以猜猜工人在做什么？为什么要这样做？这样做的后果又隐藏着什么？

1. 视频隐约露端倪

视频镜头中，空旷的工地上旋挖机正在进行桩基施工（图3-55）；当然，镜头中还有正在绑扎钢筋笼等的其他画面。

镜头转过，一个工人正顺着桩基的钢筋笼徐徐下爬；过后的视频，该工人又从桩孔口爬出（图3-56）。

看过视频，大家在相互调侃。笔者此时内心却非常震撼：工人下入桩孔，危险至极，为安全所不允许（现行规范已经禁止这类操作）。一旦桩孔塌方后果不堪设想，为何要派人下去呢？

经反复观看视频并结合视频中的现场，笔者对此作了猜测分析，后将分析的意见与同行们进行了沟通。事实证明笔者的判断基本正确。下面，将分析结果和同行们一起讨论。

图3-55　挖孔桩施工　　　　　　　　图3-56　工人钻入桩基内部

2. 端倪一：为何派人下入桩孔？

旋挖桩施工，规矩的做法一般先在桩口埋入孔口钢护筒（图3-57），一则用来定位放线，二则用来防止地面的水流入桩孔内，也可防止孔口坍塌的泥渣、石碴掉入桩孔。

图3-57　挖孔桩施工前期工序（安装钢护筒）

看之前旋挖机施工场景（图3-55），孔口根本没有埋设钢护筒。如此施工，当安装钢筋笼入孔时会摩擦、碰撞孔口和孔壁，将孔口、孔壁的泥渣、石碴带入桩孔内，加之清孔不彻底，造成孔底的沉渣超出规范要求（规范沉渣厚度：摩擦桩200mm、端承桩50mm）。混凝土浇筑前，甲方、监理方验收时发现沉渣超标，没有通过工序验收。于是，万般无奈之下，只得派人下入桩孔进行所谓的"人工清孔"。

3.端倪二："人工清孔"背后的故事

如将钢筋笼吊出，再换上清孔钻头清孔，返工成本施工方难以承受，只得用所谓的"人工清孔"方法进行质量事故处置。

其中的危险谁都知晓，也许是桩孔较浅，人可以下到孔底，但只是象征性地摸出几粒石子而已，工人便迅速爬出孔来。如果桩孔较深，即便孔壁较稳，因桩深孔小，有缺氧的危险，同时地下可能还有未知的有害气体，一般不敢贸然派人下去。

目测此桩孔的直径在1m左右（1.0～1.2m），扣除保护层后，钢筋笼的内径也只有80～90cm。根据人体工程学，人能下去，但下去后不太可能弯腰，所谓的捡渣捡沉积物，只不过是骗人的摆拍罢了。过后拿着拍摄的视频"资料"说我们已派人下去，现在已清完，便可得到"可以浇筑，下次注意"的指令。以小的费用赌博巨额安全成本，一旦出现人身安全事故，将会造成一个家庭被毁、单位受损、一定时期内不准投标、有人吊销执业执照、有人撤职甚至坐牢、消防救援等国家资源被浪费等，都在为降低工程成本找借口中变得漠视。

低价、最低价中标，发包人死命压价，干了亏死、不干等死的施工方，承接的工程无利可图，很多项目起跑线都设置在利润的负值上。开工后各方都在想着法子进行所谓的"精细化管理""成本控制""降低成本"。于是出现恶性循环：

（1）交给桩基分包方的单价同样是更低的价格；

（2）连钢护筒这类小到可以忽略不计的成本都省略了；

（3）钢护筒省去了，埋设孔口钢护筒用的挖机也随之省去了，成本降低了；

（4）为求快速高效，清孔不彻底，下钢筋笼不注意，清孔采用所谓的"人工清孔"，成本又"有效"地降低了。

"人工清孔"的背后是"以命相搏"的血泪成本。而祸首就是低价、最低价。

4."搏命"成本的背后

"搏命"成本的背后还有其技术性原因。从图3-55、图3-56的地表形态可感知，当地为砂砾土质，且砂砾含量较高。加之西北气候干燥，土中含水量小，旋挖后的孔壁砂砾、小块卵石掉落现象极多（这也是清孔后桩底沉渣正常，后来变多的原因），使孔径变大（图3-58），再加上砂砾土的空隙率较大（也就是土质疏松），导致混凝土充盈系数增加，实际混凝土用量超过20%的定额充盈系数，使混凝土在消耗量上出现亏损。目测这样的土质，充盈系数估计在30%左右（经施工当事人确认，充盈系数确实大于30%）。

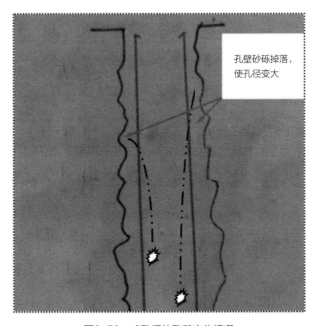

孔壁砂砾掉落，使孔径变大

图3-58　成孔后的孔壁变化情况

"搏命"成本的背后，是事前没有认真分析地勘资料，没有掌握好当地的实情及当地一般的数据指标，一味地套定额所致，与技术不精有关，与没有预控有关。浇筑完成后，发现每根桩的混凝土都是超量的。于是，除上述"技术性"的人工清孔"降低成本"外，偷工减料（有意降低孔深、使用骗人的9分尺）等违规操作层出不穷。

5. 结论

近年来，建筑市场竞争激烈，施工方作为弱势方，一直处在非常被动的地位。据国家统计局统计的数据显示，建筑业的利润率创15年来的新低，行业利润率在第二产业38个行业中排名倒数第二，净利润率不超过2%（约为1.60%），不及社会平均水平的1/5。残酷的"内卷"、恶劣的工程款拖欠（造成巨大的财务成本增加），导致建筑质量每况愈下，项目亏损比比皆是。尤其是开发商的施工项目，真正赚到钱的承包商少之又少。

为保证低价的项目能有微小的利润，避免陷入亏损境地，在精细化管理、成本控制的口号下，成本控制有时成了偷工减料（无奈的）的代名词。管控的手段已超出了一般的常规认识，"人工清孔"之类的吓人操作经常出现。看市场，3.5mm壁厚3.84kg/m的标准钢管、俗称1.25kg重的扣件（扣件的标准质量：直角扣为1.34kg/个；旋转扣为1.489kg/个；对接扣为1.877kg/个），在市场已绝迹二三十年，频繁的架子倒塌，有时候甚至可以说与施工无关，却与钢管、扣件的不标准有着直接的关系。工程上的任何事物都有其内在的关联，没有绝对的独立。感觉自身懂得知识变少深层的原因就是施工技术基础不扎实，所以对合同、定额、清单的理解只肤浅于表面，不深刻。这是每个人都有的成长瓶颈期，而突破瓶颈最好的办法就是改变唯定额、脱离现场、脱离施工的痼疾，强化实践。只有知道了怎么做，才能结合规则、约定知道如何去应对，增加成本的预测水平和控制能力。

最后，用一位同行的话作为本话题的结束语：其实，真正健康的市场对各方才有利。

20　真石漆的单价可以调整吗？

招标时招标方提供了一个外墙真石漆样板，图纸及清单对外墙真石漆也没有其他过于详细的技术参数描述，只要求实物与样板相符。清单报价时，投标方根据样板的判断，考虑的外墙真石漆含量为2.5kg/m²。中标后开始外墙施工时，甲方发了新图纸要求真石漆含量大于4.0kg/m²。

问：真石漆的含量（或单价）可以调整吗？

其中一种意见：招标提供的样板只是颜色参考，肉眼观察只能看到颜色标准，没有规定的技术参数。新的图纸有了明确要求，可视为变更，应予调整。

笔者认为这个观点不全面，没有切中要害，说服力不强。因为真石漆有两种，一种是普通真石漆，另一种是岩片真石漆。普通真石漆外观更偏向于漆，岩片真石漆更偏向于岩。含量为2.5kg/m²是普通真石漆，而含量为4.0kg/m²为岩片真石漆，定额也有两个不同的子目，其中的材质与含量都不相同。

　　出现这种情况的主要原因是投标人经验不足，或者受低价中标的魔咒束缚，看出了样板真石漆的价格却报了一个相对低的价，妄图淘汰竞争对手后再从甲方找突破口翻盘。猜想归猜想，分析原因可以得到以下几点：

　　（1）如果投标人没有经验，不会辨别，看样板的时候没有看出样板是岩片真石漆，报价依旧按普通真石漆报价。出现这样的误差，责任在报价人。若笔者担任甲方审计，也会以此理由拒绝其调价申请。

　　（2）如果样板本就是普通真石漆，但业主后来要求施工的是岩片真石漆，因为经验不足没有发现并指出其改变了材质、品种和工艺做法，结算时很难要回本应该属于自己的利益。

　　（3）虽然不同品牌的真石漆用量有差异，但不可能差$1.5kg/m^2$，$2.5kg/m^2$与$4kg/m^2$的差，显然不是品牌的差异，而是材质、品种的不同。

　　之前的一个投标项目中，笔者也遇到过一个真石漆的真实案例，招标方同样拿了一块300mm×300mm的真石漆材料样板，第一轮投标后，8家投标方竟然没有一家提供的材料样板合格（房地产商招标，文字的技术标几乎不占分值，而实物样板的分值却非常高），第二次再做，还是70%的投标方仍然不过关，此时的经济标已经谈了三轮，中标方基本已经确定，笔者所在公司有幸中标，可真石漆材料样板始终没有达标，材料样板不符合要求是无法签订施工合同的，没有合同就算进场施工也拿不到一分钱的工程款。情急之下公司组织了项目经理、主任工程师、外墙涂料分包商在内的技术团队进行攻关，后来发现材料样板的制作工艺是把样板水平放置，喷出的涂料颗粒垂直下落，自然形成如馒头状效果停留在样板上，而现实中要对着墙面垂直喷涂，样板立起来放置，涂料喷上去的效果就是上小下大的水滴流坠状，找到了原因，涂料劳务分包方组织了几位师傅反复试验，调节枪嘴口径、变换喷头角度，经过10多次演练终于接近了材料样板的效果，并最终达到了工程竣工验收的标准。

　　现在的设计方案标新立异，工艺造型变化莫测，通过一块材料样板、看一个节点图，就能敏锐感觉到其中的成本变化曲线，是一名造价人员综合技术功力的体现。工程造价是研究工程成本的学科，进入大数据、云计算的指标时代，单凭背几个指标做成本一定会吃大亏。

21　植筋费用应如何计算?

1. 植筋发生问题

说到植筋,很多人的理解就是砌体加筋的植筋。其实不然,以一般的住宅楼为例,现浇的构造柱、过梁、圈梁、门垛都可能发生植筋,而这些钢筋一般是ϕ12或ϕ14的钢筋,植筋成本比ϕ6.5的砌体加筋的植筋贵出很多。一旦发生,其工料成本很大。如图3-59~图3-61所示。

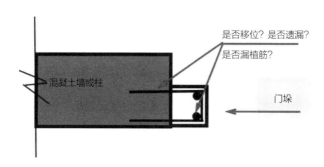

图3-59　门垛筋

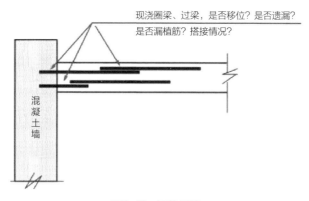

图3-60　圈梁植筋

2. 注意植筋的完整描述,不能泛泛的概念化

如:是否通长? 通长部位? 搭接长度? 等等。植筋的搭接,有些只能手动计算,

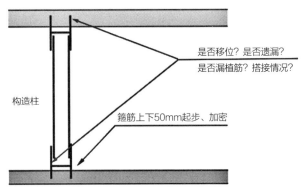

图3-61　构造柱植筋

审计经常以软件无此功能为由扣减。所以必须具体化、明确化，不能概念化，并配图表述。这就是后期的图纸深化设计，这方面精装修专业比土建专业做得更专业，植筋道理也一样，结构设计可能对此不以为然，或者在设计说明中用几行文字说明，或者更简单地表述为达到某规范要求，不考虑所有人对规范的理解并不相同，因此要用图文并茂的形式将文字变为图形是减少争议的最短捷径。

3. 植筋到底能不能计算？

植筋到底能不能计算？要看图纸的设计、招标文件的规定、合同的约定，不能一概而论。

（1）招标文件、合同要求预埋的，虽然用了植筋工艺，但也不能计算。

（2）按定额结算的工程，图纸设计要求预埋或图纸没有明确，图纸会审时施工方又没有提出的，则不计算。这就是审计扣减植筋的理由。

（3）植筋到底能不能计算，同时也是公司内部的管理水平问题，并非完全的技术原因。

并非定额中有此子目就能计算，例如：河北定额中有胀栓安装、水钻打孔、封洞凿槽的定额子目，但这些子目在工程成型后发生修改变更的情况下才能使用，植筋也类似于此。

预算、结算、成本、索赔等的重点首先在于前期准备；结算、索赔、成本、合同准备需要的是更多的前期成本控制，合同结算方式有以下几种：

（1）按实结算的合同版本：工程量可以调整的合同结算模式，综合单价组价必须要准确，之后操作程序约定在先，手续完备，过程跟踪，资料齐全，为根源之所在。

（2）清单报价的综合单价合同版本：提前预判，明确做法，在进行成本预估的基础上合理填报清单项目综合单价。

（3）总价包死：合同图纸范围内工程量不予调整，这类合同连工程量都要仔细审核。

在抱怨审计扣减费用的同时，是否应该审视一下自己的日常积累，像这些深化设计的工作，做到位了吗？

第4章 案例争议

22 60万m³土方、2000万元索赔背后的技术

一次偶然的机会，在路途中结识了一位律师朋友，闲聊过程中了解到，他正在处理一桩造价的案件，当其得知遇到了造价同行，便一起讨论起他的案件。

1.施工方提出2000万元索赔

案件发生在某地区，建设方将60万m³土方移到n公里外的某地。合同约定的单价为x元/m³，合计总价为y元。

结算时，施工方提出了2000万元的索赔。理由：因甲方原因，工程进入冬季延期，受严冬气候影响，土方一冻一化，呈淤泥状，增加了施工难度，使工期延长，遂提出索赔。问从造价的角度有什么看法？因为是真实案件，对内幕了解不是十分详细，笔者只从造价技术的角度谈了一些自己的看法。

（1）冬雨期施工增加费是否适用于挖土方

工程措施费中的冬雨期施工增加费属于组织措施费范畴，该费用是指在冬雨期施工时所采取的防冻、保温、防雨安全措施及工效降低所增加的费用。不能对工程实体进行改变，工程报价中取不取冬雨期施工增加费，与土方冻与不冻没有任何关系。

（2）离谱的额度，混乱的逻辑

用索赔金额/结算土方量相当于在原土方单价的基础上增加了33元/m³。索赔中有没有逻辑错误，笔者在此分析一下：

1）北纬40°上下的地区冻土层厚度，规范明确为800mm，也就是所有建筑混凝土（或砌体）基础深度应该≥0.8m的理论依据。

2）真正冻土层挖掘成本甚至大于凿除路面的开挖费用，因此案件中索赔理由前提"因甲方原因，工程进入冬季延期"，很可能甲方意识到冬季挖土会增加成本而故意将工程开工日期延迟到春季。

3）从索赔理由分析，可以断定施工方是在春季动工，因为索赔只涉及运土工序增加成本一说，并没有提及挖土增加成本的主张。

4）北纬40°上下的地区冬季会产生冻土层不假，但该地区还有一个特点是索赔方忽略的问题，这类地区冬季降水量很少，春季农家有"春雨贵如油"的说法，去冬迎春北方大部分地区普通地表含水率不可能>40%（土方定额章节说明中有条款注明含水率>40%按挖淤泥计算），案件除非在河道内挖土，否则不可能出现索赔方描述的"土方一冻一化，呈淤泥状"现象。

5）如果工程项目是在河道、湖渠内开展，投标时应该充分考虑土质含水率因素，而不是到了结算时才发现"土方一冻一化，呈淤泥状"，因此笔者认为索赔不能成立。

2. 背后的技术支撑

从项目实施地到诉讼地分析可以看出，项目发生在北方，而建设方（或施工方）公司注册地在南方，索赔方利用了南北地理的差异想获取一些利益。经过笔者的技术分析，律师很是赞同。从法律角度考虑问题，技术层面的深度远没有这么深刻。低价中标是现在工程项目投标的常态，承包方在投标阶段失去的利益必然想在后期进行弥补，采用的方法多种多样，本案件就是其中的一种。

3. 结论

要求工程造价人员上知天文、下晓地理恐怕难以做到，但深入施工现场是工程造价人员必经的从业之路，如果留下当时挖土方、运土方的证据，索赔不攻自破，哪用得着律师出马。

23 对桩间土的判定

施工现场明明是桩间土，但第三方咨询方就说不是，一定要扣减土方款，从一堆资料中分析是不是桩间土，希望对年轻的预算员们有所帮助。

1. 争议的起源

合同约定：

（1）大型土方由甲方独立分包，土方施工队挖至设计垫层底标高＋0.5m；为控制工程标高，预留的0.5m厚覆土由总承包方清挖（包括电梯井、集水坑、下凹式后浇带的土方）；

（2）长螺旋钻桩由甲方独立分包（在基坑内打桩），桩基工程包括桩芯土清挖及截桩。

结算争议：

第三方咨询方认为，打桩单位已经截掉桩头，总承包方的0.5m厚覆土不属于桩间土。

2. 到底是不是桩间土？

是不是桩间土其实判定方法很简单，就是工序流程的确定，即：是先挖土后截桩，还是先截桩后挖土？答案肯定是先挖土后截桩（批准的施工方案也是这么写的）。实际施工流程如下：土方施工队挖至桩基工作面（即垫层底标高向上500mm）→打桩队在桩基工作面上打桩→打桩队清挖桩芯土（清至垫层底标高向上500mm）→总承包方挖500mm覆土→打桩队截桩（图4-1、图4-2）。

根据施工流程和施工工艺，结合桩顶向上预留500mm混凝土保护帽的要求，500mm厚覆土为桩间土无疑。

但打桩单位在浇筑混凝土桩的过程中不可能做到分毫无差，有些桩帽高出500mm的现象也是实际存在的。

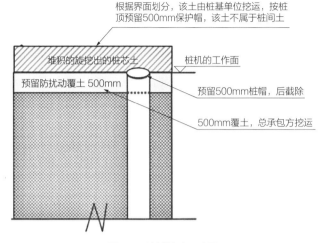

图4-1　清槽挖土示意图

图4-2　挖桩机械施工过程

3. 为什么不属于桩间土?

为什么不属于桩间土,第三方咨询方给出的扣款理由是:因为桩头已经截掉了,所以500mm厚的余土不属于桩间土。强词夺理的理由:为啥不先截桩后挖土,谁让你先挖土后截桩的?

"为啥不先截桩后挖土？"此问似乎很懂行，但按其说法，施工方需因此改变施工流程，桩基单位在桩基结束后，先清挖掉属于他们施工的桩芯土，然后用人工在桩周围挖出能够让切割机展开的工作面，进而切割截桩。流程如下：土方施工队挖至桩基工作面（即垫层底标高向上500mm）→打桩队在桩基工作面上打桩→打桩队清挖桩芯土（清至垫层底标高向上500mm）→打桩队人工清挖桩周围的截桩工作面（但土不外运）→打桩队截桩→总承包方挖500mm覆土（图4-3）。

为了截桩，要让打桩队在桩的周围挖出图4-3所示的工作面，其人工成本的增加是一笔不小的数目，典型违背常理。

同时，第三方咨询方还忽略了一个重要的细节：电梯井斜坡的桩咋截？也让打桩队自挖自截，岂不是贻笑大方（图4-4）。

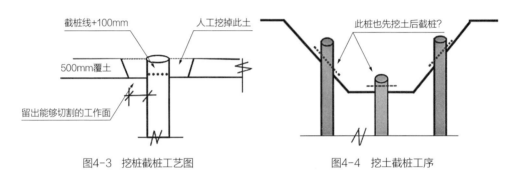

图4-3　挖桩截桩工艺图　　　　　　　　图4-4　挖土截桩工序

"谁让你先挖土后截桩的？"此问似乎很高深，却抛弃了一个重要的原则——施工合同。施工合同约定，施工方按甲方批准的施工方案施工（第三方咨询方手中有甲乙双方的施工合同）。为达到扣钱的目的，罔顾事实，也不管是否站得住脚就信口开河，似乎有权更改甲乙双方的施工合同似的。

4. 永远的桩间土

然而，事情就这么简单吗？即便退一万步，按照第三方咨询方的先截桩后挖土，难道就不是桩间土了吗？

按设计图纸，桩头需高出设计底标高200mm（见图4-3截桩线）。按设计图纸（16G101图集），桩头不仅要超出垫层，还需深入桩承台内（图4-5）。所以，即使先截桩后挖土，其桩头也永远存在，只是比原来的桩头矮一点罢了。难道非要没截桩的才是桩间土？冒出200mm的桩头难道就不叫桩头了？答案不言自明。

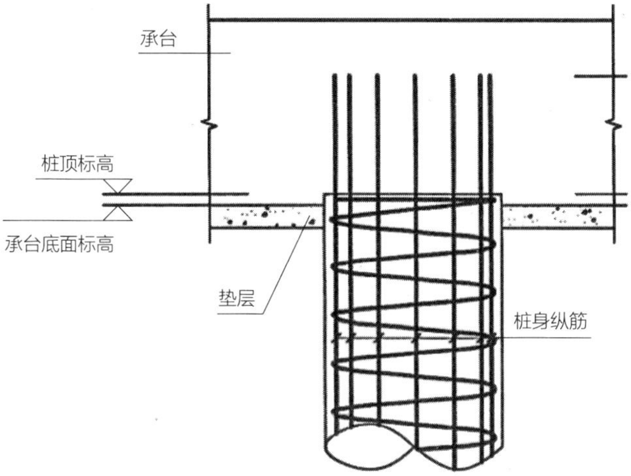

图4-5　16G101图集截图

5. 结论

一般的第三方咨询方有"二怕一喜"：

一怕：施工方的人技术一般，但是黏性足，你不给我就赖、贴、黏、缠，你有不沾边的道理，我有无厘头，与你没完没了。

二怕：对方技术高精，实力全面碾压。

一喜：喜欢似懂非懂的"二路货"，七拐八弯九绕十忽悠，搞得分也分不清，稀里糊涂就得认账。

现在施工方因为技术不精有理难辩，是典型的知其然而不知其所以然。明知是坑，但因脱离现场，不熟工艺，不懂工序，形不成逻辑，所以讲不出原理，说服不了人，于是只能跺脚干着急。

工程造价人员是干什么的？造价人员是技术人员，不是单纯的财务型成本预算人员；预算就是在脑海里建造的过程；只有知道了怎么做，才能结合定额或约定的规则知道如何去算。预算的主项是算，副项是懂施工。主项与副项的关系就是红花与绿叶的关系，没有叶子，花就会枯萎。副项是为主项服务的，当你的副项不能为主项服务时，主项就永远不会变精，良好的口才也就无从谈起。

24　干混砂浆罐式搅拌机的机械费该不该扣除？

供应商不收罐式搅拌机费用，审计就要扣除吗？

此项目为总价让利项目，按合同约定，商品砂浆为按信息价执行的材料。结算时，第三方咨询方欲扣除定额中干混砂浆罐式搅拌机的台班费用（图4-6）。

编号			A4-34	A4-35	A4-36	A4-37	A4-38
项目			混凝土小型空心砌块				
			基础	墙	空花墙	柱	零星砌体
基价（元）			5045.66	5362.23	6402.19	6402.19	7493.97
其中	人工费		1756.45	1889.67	2751.44	3012.94	3753.02
	材料费		3269.60	3450.11	2210.79	3012.94	3753.02
	机械费		19.61	22.45	4.73	20.32	47.96
名称	单位	单价	数　量				
材料	标准砖240×115×53	m³	395.54	—	0.404	—	—	—
	混凝土小型空心砌块	m³	290.57	9.190	9.000	6.940	9.460	8.17
机械	干混砂浆罐式搅拌机200L	台班	236.27	0.083	0.095	0.020	0.086	0.203

图4-6　砌块墙定额消耗量

扣除理由：按当地的市场实际，购买了商品砂浆，其罐式搅拌机由商品砂浆厂家免费提供，施工方没有另外支出罐式搅拌机的费用。在此笔者谈一下自己的观点和意见。

1. 不问因果，只为扣钱

当前第三方咨询方扣钱最大的特点就是不问"因"，只有"果"，有"果"即扣。

本案例的审扣"理由"就是所谓的"市场实际"：因为没有发生，就不该计取，所以扣除。

"因"：承包合同做了大幅的优惠下浮，而优惠下浮的基数是在定额标准组价、费用计取水平基础上综合考虑而来的。既然由定额标准而来，优惠下浮率当然也包括此部分的因素在内。

并非强词夺理，没有支出的罐式搅拌机台班，施工方已经在下浮率中做了综合考虑。如要降低下浮基础的定额标准，施工方则不会下浮这么多。

有"因"才有"果"，不问"因"，只要"果"，显然是极其无理的。

2. 单边双重标准，只为扣钱

本案例审扣的唯一理由：厂家免费提供，施工方没有另外支出费用，是因为"按当地的市场实际"。

注意审扣的理由是"按当地的市场实际"，而不是有关约定。笔者认为：既然第三方咨询方说"按当地的市场实际"，施工方就直接答应他们"按当地的市场实际"扣减，但前提是都"按当地的市场实际价格结算"，不能搞"双重标准"，既然罐式搅拌机要"按当地的市场实际"，那么其他的也应"按当地的市场实际"，比如砌筑人工费。

当地砌筑人工费的市场实际费用为280～290元/m³，而合同约定的标准是当地公开的人工费指导价，砌筑为二类工，为86元/工日。定额加气混凝土砌块墙的砌筑用工费用是0.993工日/m³，折合：$0.993 \times 86 \approx 85.4$（元/m³）。"按当地的市场实际"，该扣的扣，该增的增。显然审核方绝不会答应。

当今，双重标准在审计中极其普遍。《中华人民共和国民法典》最基本的原则是谁主张谁举证，想审减金额就得拿出核扣的依据，然而事实却大相径庭，扣钱只需要想当然的理由即可。

3. 认栽被扣，并非这么简单

在普遍以审计额为主要条件的今天，弱势的施工方很难要回工程量，最终屈服认栽的也不在少数。

以本案为例，如若就范认栽，其损失远不是单纯地被扣$0.071 \times 197.4 \approx 14.02$（元/10m³）这么简单（图4-6）。因为机械费分一类费用与二类费用。一类费用是比较固定的费用，亦称为不变费用，包括折旧费、大修理费、经常修理费和安拆费及场外运费；二类费用属于支出性质的费用，亦称为可变费用，包括人工费、动力燃料费、养路费、车船使用税、保险费、年检费等。

所以，即便认裁被扣，也只能扣除其中的一类费用，二类费用中的人工费、燃料（电）费不能扣除。如直接费中的机械费被扣除，那么实际发生的操作机械的人工费、机械运行中的电费也会被一并扣除。

最主要的是，很多省市的取费标准是以"人工费＋机械费"作为各种费用的取费基数（如河北省），如直接费中的机械费被扣除，也等于扣除了施工方的管理费、安全文明施工费、利润等各类费用。如非约定，如此扣除等于降低了取费标准，增大了下浮率，严重影响了合同的整体水平。因为施工方的管理费、安全文明施工费、利润等各类费用支出，并未因此减少。所以，这类费用不能扣除（要扣除的是机械费，而不是其他费用）。故，即便机械费认裁认扣，按预算原理：

（1）只能扣除机械费中的一类费用；

（2）只能在税前扣减，不能在直接费中扣除。

4. 结论

供应商为了照顾生意，不收罐式搅拌机的费用，是增加市场竞争力的一种企业行为，相当于施工方的优惠下浮，岂能将供应商的优惠等同于甲乙双方的合同关系。施工方与砂浆供应商签署的供应合同价，还略低于发布的信息价，审核人是不是也要按供应合同价执行？如修改供应合同，加上罐式搅拌机的费用，审核人是不是有权插手施工企业的经营活动，否定已有合同的合法性？

最后还要提醒施工方："结算工作不是一个人、一个部门的事，而是一个系统工程，体现的是一个团队的执行力、凝聚力，反映的是一个团队的管理能力与水平。"结算时遇到这类违背逻辑的行为，不要轻易退缩，凡事从源头寻找破解之法是正确的捷径，如前面提到的"因"与"果"的关系，理顺这层逻辑关系，再去反击审核人的错误就会点中要害。

25　混凝土的调差是按清单量还是按投标的报价量？

如果材料结算时可以调整价差，投标文件一般会规定材料风险范围，也就是材料在超过投标基准价±5%～±8%时可以进行价差调整。那么问题来了，混凝土的调差应该按清单量还是按投标的报价量？

其实，这个问题很好回答：合同和招标文件有规定的按照规定办理；合同和招标文件没有明确的，一般来说以投标报价的定额含量计算价差。例如，满堂基础混凝土的清单量为1000m³，按定额含量，报价的材料量应为1010m³（一般地区定额损耗为1%，因为材料损耗的量也是用钱买来的，同样要参与价差调整）。但投标时报价人自主考虑后不加损耗，依然按1000m³报价，或者不仅没有考虑损耗，还扣除了筏板内钢筋所占混凝土部分的体积，按990m³进行报价，最后按1000m³或990m³的含量计算价差。

投标人为了降低总价，增加中标竞争力，投标时有意不考虑损耗，调低材料的含量，如1000m³混凝土报了990m³。结算时，审计按990m³调差，施工方认为应按1010m³调差。明显可以断定施工方的结算要求是无理的，审计的做法是正确的。因为补差针对的是标书，投标时优惠的量属于标书之外的量，当然不在材料调差范围内，自然没有补差的量。

换位思考，如果调的是负差，本来1000m³的混凝土，投标时只报了990m³，审计按1010m³来调整负差，施工方同样不会接受。万一审计认为施工方是为了防止出现负差而故意压低报价量呢？所以，我们再讨论投标人的要求是否合理，似乎毫无意义。

投标时没有填量却想在结算时补偿量差，显然是投标方自作聪明的行为。招标文件明确了该材料可以调差，投标方也判断出清单的量很正确，甚至只少不多，且此材料日后会涨价。那么，投标方完全可以在总价不变的前提下，用多种方法来平衡，如：

（1）压单价不压量；

（2）压不调差材料的量与单价；

（3）压不调差的措施费。

如果判断此材料日后要涨价，聪明的人不仅不压量，还会适度提高含量。例如，定额含量的混凝土损耗是1.0%，投标方可以适当地把损耗放大到1.2%或1.5%。理由如下：

（1）清单报价规范允许结合自身水平自主报价；

（2）考虑了商品混凝土罐车供货数量不足的因素；

（3）考虑了自身管理水平的因素。

在规范允许的范围内，适当考虑这种外界因素，不属于不平衡报价。

为了追求中标竞争力而盲目降价，无的放矢，结果就是堵死了自己的后路，压缩了盈利空间，这种情况在如今的造价行业中相当普遍。报价是一项需要精密计算、周详考虑的精细化工作，不只是流于纸面上的不平衡报价的数字游戏。

工程造价中的量、价、费就是数字游戏中的道具，如何运用好道具，变出千奇百怪的数字是工程造价人员要学习的知识，但不管如何运用道具，量总是起决定作用的因素，把量算准，其他的经营模式才能正确实施。

26 吃不透这些"小工艺"的结算要点，就会吃大亏

在讲述"地面篇"的互动环节中，有学员提出一个问题：敞开式阳台的地面图纸设计要求做防水，首层阳台也按图纸进行了防水施工。结算时被审核人否定，原因是：防水是为了使阳台不漏水，确保下一层用户的使用，落地阳台（首层阳台）没有下层用户，无须防水，是你们自身的工作失误，故予以扣除。双方各执一词，但话语权在审核方。问：怎么说服对方？下面我们就来一起讨论这个案例。

当今的工程实际现状确实存在着怪圈，工程审核人否定承包人的主张只需一个不是理由的理由即可，如：虽然建筑工程高度有100m，但你们怎么证明施工过程中使用了脚手架？遇到这类问题，承包方一般会落入陷阱中，苦苦寻求着没有答案的答案。找设计师签字，设计师回复：我只负责画建筑图、结构图，你们用什么措施方案施工与设计没有关系；找监理签字，监理回复：施工方案我签字了，你们拿施工方案结算去，我不单独为脚手架施工方案再签字；找业主方签字，业主方回复：施工方案有监理签字就可以了，我们不懂施工没法签字；拿着施工方案找到工程审核人员，他们回复：签字手续不全，脚手架费用扣除。于是承包方只能拿出"独门绝技"，包一个红包塞在审核人员的手中。其实解决这类问题有比塞红包更简单的方法，就是把合同拿出来，让他们自己翻翻合同内有没有脚手架费用，如果有，说明发包人是认可这笔费用的，因为合同上有发包人的签字和盖章。

案例中实物量的问题更容易解决，设计图纸、施工资料都有关于首层阳台做防水的依据，如果图纸没有注明首层阳台不做防水，按图纸施工足可以说明只要是阳台地面都要做防水，最简单的方法是让发包方出具洽商，砸开首层阳台的某个部位验证问题的性质，如果确实如同承包方结算文件所报首层阳台地面做了防水，审核方还要单

独出具阳台防水修复的费用。

　　"防水是为了使阳台不漏水,确保下一层用户的使用",这只是阳台防水的其中一个功能。然而,阳台防水的作用不仅如此,它还有另外一个辅助作用:防止地面的积水由墙根从下往上渗水(俗称虹吸现象),从而影响到室内的使用。这种类似的设计还有很多,最常见的是室外的雨篷、空调阳台、挑板等,除了板面的防水外,还要沿墙根向上延伸250~500mm高,目的是不影响室内的使用。而敞开式阳台是一样的原理。早期建筑设计中,砖基础-0.06m处需设防潮层(图4-7),首层阳台的地面一般低于室内地面约50mm(-0.05m),如果没有此防水层,势必造成首层阳台墙根的返潮,影响用户的使用。这也是早期建筑"图纸没有首层阳台不做防水的说明"的原因所在。所以,阳台防水并非只是为了下一层用户,同时也是为了本层用户。由此可见,"图纸没有首层阳台不做防水的说明",完全符合规范,是正确的设计。施工方按图纸施工,根本不是工作失误,完全没有错。除首层阳台之外,还有许多看似不用做防水处理但工艺要求必须做防水、防潮处理的部位,如地下室、首层铺设地板或地毯之类材料时,这些部位基层就要事先做防水、防潮处理,以避免地下水汽上升影响到面层材料使用。

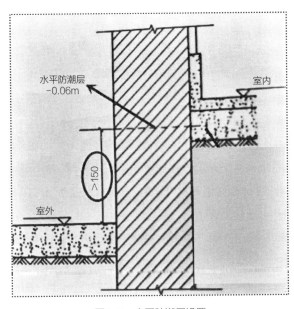

图4-7　水平防潮层设置

预算的主业是算，副业是懂施工。主业与副业是红花与绿叶的关系，副业是为主业服务的。尤其是与第三方的对账，与之博弈的定额子目套用争议实际就是对施工工艺的认识、理解和解释，且后者的比重大于前者，它是预算员基础的基础，也是一个永恒的话题。懂施工，预算会更精，本案例恰恰说明了这一点。

27 模拟清单招标中的"明枪"与"暗箭"

近年来，绝大多数房地产商会采用模拟清单招标，签订暂定总价合同，后期重计量转固定总价合同的方式进行招标，并且很多房地产商不是采用传统的清单招标模式，而是采用市场价体系清单模式（即采用招标人的企业定额标准），全费用包死综合单价，内置计算规则、格式条款，以此进行风险转移。很多市场价体系清单给出全费用综合单价，投标人只需在综合单价后面的空格中填上下浮率即可。

模拟清单与传统清单相比，多了重计量这一环节，看似简单，但实际却是陷阱重重，稍不留神便会中招。

1.陷阱一：模糊达到精确

很多招标文件中计量的计算规则采用招标人企业定额计算规则（非官方定额计算规则），其特点为：计算规则不全，前提不明，可作多种解释。从而以模糊达到精确，一旦产生争议，就类似于"本活动最终解释权归举办方所有"，其他方的权益被其排除在外。

【例1】计算规则：地暖按地面面积计算。

重计量审核时，业主不按套内地面净面积计算，而是按地暖盘管最外侧管的外皮尺寸计算面积，将墙面至第一根管子间的工程量扣除（图4-8）。理由：墙面至第一根管子间的距离属于地暖面积之外。卫生间还要扣除大便器所占的面积。理由：大便器安装范围内没有地暖管。至于地暖面积内的为何也要扣除，却不予以解释。

地暖的地面面积是什么面积，大家的习惯思维肯定是套内地面净面积。规则利用了一般人的思维定式，以模糊达到精确。由于非定额规则，定额站也不能解释，只能让双方协商，解释权最终还是在业主方。原本有微利的单价，经此一扣，因工程量减少，顷刻变为亏损。以4.90m×3.60m的主卧室为例，实际扣除工程量为：（4.70×

2＋3.24×2－0.90）×0.16≈2.40（m²），占地面积：2.40÷（4.7×3.4）≈15.0%。16万m²的住宅工程，扣除约15%的工程量，其损失不可谓不巨大。

地暖无论铺设面积是多少，服务面积都是一样的，以4.90m×3.60m的主卧室为例，其铺设面积不管算成多少m²，服务面积都是4.90m×3.60m＝17.64（m²）。

该边距不计算面积

图4-8　地暖铺设面积

【例2】计算规则：栏杆按图示尺寸以延长米计算。

阳台不锈钢栏杆的一侧或两侧为外墙，外墙采用100mm厚FS一体化保温板。审核时全然不顾埋件或膨胀螺栓锚在结构中已存在的事实，强行扣除保温板厚度所占的长度（图4-9），理由：图示尺寸。凹阳台两侧靠墙，合计扣除200mm，外栏杆为304不锈钢，单价240元/m，一个阳台即扣除48元，16万m²的住宅工程，累计后就是一个很大的金额。

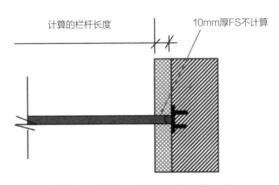

计算的栏杆长度　　　10mm厚FS不计算

图4-9　栏杆伸入外墙保温板内的尺寸

2.陷阱二：双重标准

计算规则：砌筑工程扣除门窗洞口、过人洞、空圈、嵌入墙身的构件所占的体积，凸出砖墙面的窗台虎头砖、三皮砖以下挑檐和腰线等体积亦不增加。

招标计算规则与定额计算规则几乎无任何差异。由于规则没有明确是图示尺寸还是施工尺寸，重计量审核时，洞口的扣除不按平面图、门窗表中的0.9m×2.20m尺寸（图4-10），而是按0.9m×2.31m扣除。理由：门洞下口没有砖墙。因为没有砌筑，所以需按施工尺寸扣除地暖层、面层所占的厚度（图4-11）。

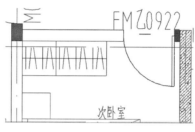

图4-10 门洞扣除尺寸

水泥砂浆楼面，地面热辐射采暖
客厅、餐厅、卧室、厨房、首层大堂、物管用房(由下至上)
1. 钢筋混凝土楼板
2. 20mm厚石墨聚苯板(隔热保温板)(首层为40mm厚)
3. 0.2mm厚真空铝聚酯薄膜一道
4. 60mm厚C20细石混凝土(首层为50mm厚)(铺φ3@50 双向钢丝网片一道，内置散热管并固定转弯处)
5. 30mm厚1:3干硬性水泥砂浆
6. 面层详装修(物管用房面层为600mm×600mm的耐磨砖)

图4-11 地暖层、面层所占的厚度

然而，在计算外墙保温抹灰面积时，却不按实际施工尺寸，依然以图纸尺寸扣除洞口面积（图4-12）。

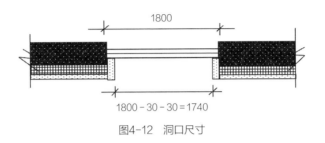

图4-12 洞口尺寸

如：外窗规格为1800mm×1400mm，窗侧壁30mm厚保温砂浆抹灰后，实际施工尺寸约为1740mm×1340mm。虽然各单位的施工方法不同，成活后的洞口尺寸大小会有所差异，但绝对小于1800mm×1400mm。

3. 陷阱三：敌明我暗，文字游戏

【例1】计算规则：混凝土不分强度等级，按平均强度等级C30单价执行。

业主招标时只下发数张建筑方案图，无结构图也无任何结构说明。投标人根本无法判断，也无从判断。经重计量后统计，工程混凝土的加权平均单价超过C35。按当地市场混凝土一个强度等级差价15元计算。工程混凝土含量为0.49m³/m²，仅此一项，亏损额折合建筑面积约7.35元/m²。

显然，知晓设计意图者只有委托设计的招标人，敢制定这样的规则，分明是有备而来，乃敌明我暗、百发百中。如无十足的把握，定不会出如此的规则，冒此风险。

【例2】计算规则：商品混凝土以"××市场信息"中"商品混凝土C30非泵送"的信息价为准，泵送费另行计算。

该规则逻辑奇葩，定义恶意：非泵送混凝土＋泵送＝泵送混凝土。

泵送混凝土坍落度大，水泥用量大，同时含有泵送剂，故单价比非泵送混凝土略大，当地泵送与非泵送的信息价价差在10元/m³左右。招标文件大玩文字游戏，在泵送的前面加了个"非"字，这看似不经意的一个"非"字就折合建筑面积约4.5元/m²（泵送混凝土含量约为0.45m³/m²）。

4.陷阱四：至高话语权，单边强制

材料调差：本总包招标调差仅对混凝土、钢筋、砌体、电线电缆、钢管（焊接钢管、镀锌钢管、无缝钢管）五项主材进行调价。

【例1】众所周知，砌体是由砖与砂浆组成的集合体，砂浆是砌体的一个组成部分，所以组成砂浆的水泥、黄沙、石灰甚至水也应该调整。然而调价时，业主只对砖、砌块进行补差，水泥、黄沙、石灰不予调整。理由：水泥、黄沙、石灰不是砌体。且理直气壮，不容置疑：这是我们公司一直以来的政策，公司在全国各地所有的开发项目，水泥、黄沙、石灰一律不调整，本工程当然不能例外。

其实业主也清楚，这是由文字缺少定义、逻辑不严谨引起的。如砌筑砂浆中的水泥、黄沙、石灰给予调整，那抹灰砂浆用的水泥、黄沙、石灰投标人势必也要调整，一个工程总不能搞多个管理制度。所以只能强制否定，以绝后患。

同理，在工程材料、周转材料定义没有明确的前提下，模板支撑、脚手架中的摊销钢管（同属焊接钢管）的调差也被强制取消。

【例2】计算门窗侧壁的保温抹灰时，只计算侧壁的混凝土面抹灰面积，不计算100mm厚FS保温板上的抹灰面积（图4-13）。

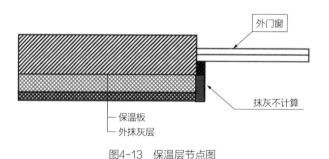

图4-13　保温层节点图

以1.8m×1.4m窗为例，被扣除的工程量为（1.8+1.4）×2×0.12（100mm厚FS保温板+20mm厚外抹灰）≈0.77（m²），占窗面积的30%。加上聚合物抗裂砂浆、网格布、外涂料，连工带料，实际成本在120元/m²以上。按外门窗面积占建筑面积的0.28估算，16万m²住宅工程（考虑门侧壁面积占比相对变小的因素）累计损失约在百万元，不可谓不巨大。

5. 结语

上述案例只是沧海一粟，以格式条款排除招标人自身义务、排除投标人权益的规则和条款数不胜数。对重计量后的数据分析显示，受上述不公平规则影响的造价占总价的1.5%以上。如投标人的综合技术能力强，有些是可有效预防的，但那些霸凌、单边强制，则无法挽回。如把传统的清单比喻为"明枪"，则模拟清单既有"明枪"，更多的是"暗箭"。故报价时需考虑霸凌、单边不公平因素对成本的影响。

模拟清单最重要的一点，也是最难的一点，就是成本的预测、预估（根据模拟清单预估总价综合测算该项目投资额和结算额）。尤其是模拟清单没有图纸或只提供数张建筑方案图的工程，应按模拟清单的描述，根据自身实际，结合当地的习惯、市场行情，对照数据库的技术经济指标数据，不仅要用微观的视角审视，也要用宏观的眼光判断。微观上把不利因素尽可能考虑周全，宏观上进行综合评估、控制（如上述的霸凌、单边不公平因素）。因为很多情况下，施工方提出的澄清、答疑，甲方为规避风险，给出的回复就是：请自行考虑。

有专家曾说："重点强调施工单位在投标阶段对投标工程量清单核算的重要性，否则可能会面临惨重损失"；"能够一眼看出坑，并能做到及时止损，这就是造价人员核心竞争力的体现"。然而"在投标阶段对投标工程量清单核算""一眼看出坑"，不只是一句空洞的口号，具有这种核心能力的人员，不是单纯的懂得，而是积累与沉淀，更是综合能力的体现。

28　砌体中的门窗洞口到底按什么扣除？

1. 扣除门洞口下的砌体

当下，很多房地产商采用重计量的招标投标报价方式。砌体重计量扣除门窗洞口时，都要被扣除地坪建筑厚度所占的砌体体积。理由：该处无砌体（图4-14）。从而引发强烈的争议。

该处无砌体

图4-14　门洞实景图片

2.扣除的实际成本

以某住宅楼为例，建筑面积15740m²，加气混凝土砌块墙的厚度为0.2m，地面地暖层、面层的厚度为100mm，全部的洞口延长米为1400m，扣除的砌体体积为：$1400 \times 0.2 \times 0.10 = 28.0$（m³）。实际成本为：

（1）加气混凝土砌块：$28.0m³ \times 260元/m³ = 7280$（元）；

（2）商品砂浆：$28.0m³ \times 0.08m³/m³ \times 550元/m³ = 1232$（元）；

（3）市场人工费：$28.0m³ \times 260元/m³ = 7280$（元）。

即使不计算机械费，加最低11%的综合费用，合计扣除：$(7280 + 1232 + 7280) \times 1.11 \approx 17529$（元），折合建筑面积约1.10元/m²。

扣除门洞口下的砌体体积，其实质是按实际尺寸扣除，更有甚者还要扣除预留的洞口宽度。如：图纸门洞口的尺寸为1.0m×2.1m，扣除的尺寸为（1.03～1.05）m×2.2m；图纸窗洞口的尺寸为1.5m×1.8m，扣除的尺寸为（1.53～1.55）m×（1.83～1.85）m。

3.砌体中的门窗洞口到底按什么扣除?

砌体中的门窗洞口到底按什么扣除? 先看某省的计算规则，如图4-15所示。

二、工程量计算规则

（一）基础按设计图示尺寸以体积计算。包括附墙垛基础宽出部分体积，扣除地梁（圈梁）、构造柱所占体积，不扣除基础大放脚 T 形接头处的重叠部分及嵌入基础内的钢筋、铁件、管道、基础砂浆防潮层和单个面积≤0.3m²的孔洞所占体积，靠墙暖气沟的挑檐不增加。

基础长：外墙按外墙中心线计算，内墙按内墙净长线计算。

（二）墙体按设计图示尺寸以体积计算。扣除门窗洞口、过人洞、空圈、嵌入墙内的钢筋混凝土柱、梁、圈梁、挑梁、过梁及凹进墙内的壁龛、管槽、暖气槽、消火栓箱所占体积，不扣除梁头、板头、檩头、垫木、木楞头、沿缘木、木砖、门窗走头、砖墙内加固钢筋、木筋、铁件、钢管及单个面积≤0.3m²的孔洞所占体积。凸出墙面的腰线、挑檐、压顶、窗台线、虎头砖、门窗套的体积亦不增加。

图4-15　砌筑工程量计算规则

甲方观点：现场实际洞口面积就是1.0m×2.2m，图纸中的1.0m×2.1m是装修完成后的尺寸，所以应该扣除尺寸是1.0m×2.2m。

乙方观点：与不扣除0.3m²以下的孔洞、梁头、梁垫所占的体积，挑出的腰线、虎头砖不计算一样，定额已经综合考虑。预算是按规则、图纸计算的，就以图纸尺寸为准，计算不能离开图纸。实际人工费远远大于定额标准，为何不按实际？为何要扣的就按实际，增加的却不能按实际？

4. 个人观点与应对

争论的焦点在于规则中的"门窗洞口"没有说明是图纸尺寸还是实际尺寸。似乎除了定额的编制者外，谁都解释不清楚了，其他相关砌筑墙体的分析与猜测也没有分析到本质，所以难以有结论。争论的最后结果是百分之百的强势者市场，从未看到过哪个甲方认可过乙方观点的。

笔者个人的观点：从定额计算规则入手找工程量计算的依据（图4-16）。

（2）内墙：位于屋架下弦者，算至屋架下弦底；无屋架则算至顶棚底另加100mm；有钢筋混凝土楼板隔层则算至楼板顶；有框架梁时算至梁底。

图4-16　北京2012换算定额内墙工程量计算规则

中间一句话：无屋架则算至顶棚底另加100mm；后一句话：有钢筋混凝土楼板

隔层则算至楼板顶。这两句话看上去确实有两大明显的错误，砌筑构件到顶棚底已经是终点了，为什么还要加100mm？后一句话更加难以理解，砌筑墙还能穿越混凝土楼板吗？

但仔细研究完洞口尺寸，对这个不存在的门洞下100mm厚度就会有新的理解。无论洞口尺寸按结构尺寸标注的1.0m×2.2m，还是按装修图纸中标注的1.0m×2.1m，0.1m的高度差实际指图4-17中箭头所指向的垫层部分（加装修层）厚度（装修术语叫"装修完成面"）。砌筑墙体在计算墙高度时是从建筑图纸±0.000标高算起，如果每层净高是3.0m，则砌筑墙的实际高度是3.1m，因为砌筑墙是从结构层地面开始砌筑，而不是在装修完成面基础上开始砌筑，埋入装修完成面内的0.1m的高度本来就没有算进墙体工程量，既然没算就谈不上在图4-17箭头所示的位置扣除0.1m的洞口尺寸体积。

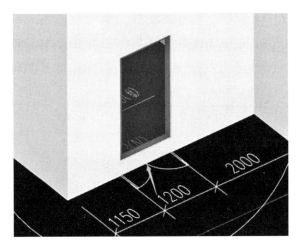

图4-17　门洞下的100mm厚度

砌筑隔墙工序在建筑图中体现，看建筑图就要用建筑图纸的标高尺寸计算，定额说明中所述的增加100mm高度（或者是结构板厚度）要计算在砌筑隔墙的工程量内，实际意思是砌筑隔墙地下损失的工程量在顶上找补，这个解释从逻辑上把这个问题（有钢筋混凝土楼板隔层则算至楼板顶）的疑虑消除了，同时把门下扣0.1m高隔墙的争议化解了。

最后再解释一下门洞尺寸。任何设计都不会从结构层开始计算门洞高度，因为每个建筑设计师都知道100mm高是预留给地面做法的高度，如果门洞占了这部分面积，把1.0m×2.1m的门洞尺寸标注成1.0m×2.2m，所有的门供应商都要来找设计师讨要变更了。如果甲方睁着眼把1.0m×2.1m的门洞尺寸说成1.0m×2.2m，最好就把门做成1.0m×2.2m的规格，避免结算时甲方倒打一耙，为什么把1.0m×2.2m规格的门做成1.0m×2.1m，要扣除0.1m²的门的价格。

29　抢工索赔被扣，是善良被利用，还是施工方无能？

工程竣工结算的争议是一个永恒的话题，其中以"非技术性的审减""甲方原因延误工期的索赔""甲方要求的抢工增加费"最难处理。以抢工为例，万事开头难，每个项目的前期都要做好充分准备，开工后也是慢慢步入正轨，抢工自然影响工程投入及费用损耗。但在协商抢工补偿时，发生的一切却让经历过的人心态崩溃。

1. 抢工原因

工程时间为26＋2，按合同约定的工期节点，施工方均如期完成且略有提前。但发包方为加快资金的回笼周转并进行提前预售，发包方将原合同工期节点提前，要求施工方在某月某日前完成至某层，并承诺承担抢工费。

2. 抢工面临的难题

经计算，通过劳力的增加和管理的加强，发包方的提前要求尚可达到。但由于天数的缩短，加上当时的气温较低，拆模时混凝土强度达不到要求，必须增加一层的模板投入方能满足工期要求。

时间缩短，工期紧迫，不由施工方多说同时也来不及多说，添人、加料、注资金，工程立刻加紧上马投入，一时间，夜晚的工地灯火通明，支模的人们你追我赶，绑钢筋的钩子快转如飞，插入式振捣棒的声音嗡嗡作响，经过一个多月的昼夜奋战，施工方终于在发包方要求的时间内如期完成工程。

3. "振振有词"的发包方

然而到商量抢工费时，抢工前发包方那雷厉风行的决断不见了。抢工时发包方的

"配合好了，我们不会亏待你们的；我们不会让你们白白辛苦的！""行！完成了一并给你们补上！""你们的付出，我们不会忘记的"，这些承诺已经成了过往云烟，取而代之的则是：

（1）机械费：你们没有新增任何机械，就多用了 n 个台班的塔式起重机。但工期缩短了，却省了你们不少的塔式起重机租赁费，与我们帮你们节约下来的塔式起重机租赁费相比，这点小钱就算了吧。

（2）管理费：我们看了，你们的管理人员没有任何增加，还是原来的这几个人。我们也知道，你们管理人员的工资是年薪制的，不存在管理人员增加工资的问题。再说了，做工程的，哪能不吃苦？这点苦也吃不了，还做什么建筑施工？何况时间又不长。至于其他的管理费用，我看完全可以忽略不计。

（3）周转材料的增加：你们确实增加了部分的模板投入，但有些也不能计算：

其一，你们增加的只是一个楼层的平台模板，立面模板没有增加。到了十二三层，原来的模板要彻底重换，如果不换，我们也是不允许的。

这次增加投入的梁板模板，有的只用了一次，最多只用了两次，这些模板几乎还是全新的。放置几天，等换模板时正好用上，这次抢工的投入权当你们提前几天采购了。再说了，投入的又是标准层模板，没有半点浪费，至于投入的与模板配套的木方，这个你们一直有用，我们又没有要你们的东西，所以这个不能算。

其二，梁板模板的支撑钢管、扣件确实增加了，但数量不多，支撑钢管折合成面积含量也就 $10 \mathrm{m/m^2}$ 左右，即便按每平方米一只扣件计算，扣件折合成面积含量也不到 10 只 $/\mathrm{m^2}$。由于工期提前，使用期变短，工地上原有的加上新增的脚手架、防护用的钢管、扣件，你们总的租赁费不是变多了，反而减少了。我们发包方抢工为你们施工方降低了成本，你们要感谢我们才是，所以，这钱就不要再计较了。

（4）抢工人工费用：你们原来的支模人工单价是 x 元 $/\mathrm{m^2}$，这次抢工你们增加了 n 元 $/\mathrm{m^2}$，但你们加多了，其实只需加 y 元 $/\mathrm{m^2}$ 就行。你们慷我们的慨，这不应该。另外，这次抢工你们的质量下降了很多，抢工的进度不应该以质量的降低作为代价来换取，按理是要处罚你们的，但你们确实很辛苦，也就不罚了。我们说到做到，这个人工费就按我们的 y 元 $/\mathrm{m^2}$ 补偿行了。怎么样，是得感谢我们吧？

4. 施工方面临的窘境

为抢出发包方预售房的工期，施工方不但要增加人工数量，还要增加工作时间。随着时代的进步，农民工越来越紧缺，还在坚守的农民工生活水平也在提高，以往的艰苦精神没有了，晚上加班不是增加一二百元的加班费就能同意的。目前加班的行情是人工费半夜加1倍，通宵加2倍，也就是夜班工资每6h算一个工日。但很多人为了健康还是不愿意加夜班，并且做劳务人人都知道，夜间施工工效不到白天的80%。人工数量增加导致工作面减少、夜晚加班导致人工降效，虽说可以用提高单价来表示，但说尽了好话的额外加班人工费（红包）、免费的加班餐很多无法量化（整个抢工工程量中人工费成本增加了3倍多，上报时自己都吓了一跳）。但在发包方1+1=2的逻辑推导下，短期租赁的钢管、扣件的往返运输费增加、额外注入资金的财务成本、无法量化的加班费用、管理人员年终红包等，这些似乎是没规没据的杜撰，是可以用抢工产生的附加值来抵消的，施工方抢工什么都不应获取。反观发包方的思维，抢工产生的附加值都是发包方创造的，非施工方所为。然而没有施工方，哪来发包方抢工的附加值。汽车式起重机与塔式起重机租赁费的抵消，钢管、扣件的抵消，发包方振振有词的背后，其逻辑没有一条能站住脚。作为施工方犹如汽车没有助跑，就突然百米加速，发动机冒黑烟，路程还是这么长，得到的却是等量的油耗，更不要说发动机的磨损折耗。

就此，犹存的抢工余温被当头的冷水浇灭。事后的诸葛亮们总是这样质疑：为何不先谈后干？

来不及多说，也不由你多说，是当时的真实写照。发包方为完成其上级布置的任务，早已焦躁不安，根本没有耐心与你商量，时间也确实不允许再商量。

对于施工方而言，发包方为难时刻，你在火头上看冷谱、不伸援手，反而讨价还价拖延时间，甚至以此要挟，实为大忌，会把极具原则性的事情闹僵。往后更长时间内的协调配合便无从谈起，这也是施工方的最大顾忌。先谈后抢不是不想，也并非没有想到，只因施工方地位先天不足，不敢多想罢了。

5. 一些启示

发包方的理由早已经超出了一般的技术范畴，非技术所能解决。经过漫长的拉锯，最后的结果是：人工费补了施工方 n 元/m²，其他一切基本免谈。

30 审减植筋为何互不买账？

有位专家老师发表了关于《二次结构植筋可以签证吗？施工单位结算时敢不敢要?》的文章，引起了广泛的关注，同时也引起了很大的争议。评论观点不外乎分为理论派和市场派两方主体：

（1）理论派：如果不是图纸要求或甲方主动提出，不应计取。

（2）市场派：业主同意的，又是构成工程建设实体的费用，应计取。

笔者就植筋的定额、当前全国的普遍实际现状以及争议等发表一下个人的看法，与同行们一起讨论。

1. 植筋的定额

（1）植筋定额基本是在修缮定额章节中，很多地区的修缮定额中都有植筋的子目，植筋涉及粗细不同的规格（图4-18）。有的定额植筋子目编制在钢筋章节，有的编制在砌筑章节，也有少部分地区将其编制在其他章节中。

	编码	名称	单位	单价
1	-365	混凝土内植筋　ϕ10mm 以内	根	
2	-366	混凝土内植筋　ϕ14mm 以内	根	
3	-367	混凝土内植筋　ϕ18mm 以内	根	
4	-368	混凝土内植筋　ϕ22mm 以内	根	
5	-369	混凝土内植筋　ϕ22mm 以内	根	

图4-18　某省定额植筋子目

（2）绝大部分地区植筋定额的计量单位用"根"表示。

（3）有的省市植筋定额中有钢筋含量，即包含所植的那一小段钢筋，有的省市植筋定额中没有钢筋含量（如：河北的2012定额、贵州的2004定额）。

2. 定额设置的初衷

大多数的定额，除了定额页眉上的工作内容，计算规则对植筋子目没有很明确的说明，也极少有类似的定额编制说明及解释、答疑。其实，很多人都忽视了其中一个问题，即定额植筋子目的出发点是什么？不知定额的编制起因，是产生争议的一个重要原因。

为此，笔者曾请教过某地区定额编制方，得到的口头答复为：植筋子目设置的初衷是方便于设计修改后的定额使用。这也是定额植筋子目为什么涉及各种粗细不同规格的缘由。同理，一些地区定额还有水钻打眼、胀栓安装、封洞、凿槽的定额子目（图4-19～图4-21）。据此理论，并非有了定额子目就能理直气壮地套用，而这却是最容易被忽视的。曾听到某年轻预算员抱怨：有了定额却不让算，那设置定额干吗？

单位：个

图4-19 某地区定额水钻打眼子目

单位：个

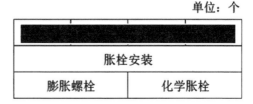

图4-20 某地区定额胀栓安装子目

封洞			凿槽
砖砌体	砖砌体 预拌砂浆	双面夹板	
10m³		100m²	10m

图4-21 某地区定额封洞、凿槽子目

3.争议为何只在砌体加筋上？审核扣减，你为何不服？

（1）砌体加筋的计量单位为"t"，工作内容包括钢筋的调直、切断、弯曲、绑扎、焊接、预理等全部工作内容，有的地区钢筋定额子目还分制作与绑扎两个工序部分的子目。

植筋的计量单位为"根"，工作内容包括孔点测定、钻孔、矫正、清除孔内余灰、干燥、钢筋打磨、调配结构胶、灌胶、植入钢筋养护等。

根据工作内容，计算了植筋，再计算砌体加筋，其钢筋预埋费用有重复计算的嫌疑，理论上应扣除其中的部分费用，但审核人、被审核人似乎都忽视了这一点。

（2）植筋的争议为何只在砌体加筋上？一是体量大，直接影响到造价。如：某20万 m² 的工程，按定额执行，仅植筋一项，其造价可达100多万元。二是定额水平超过实际市场水平，利润空间大。于是对此研究的人趋之若鹜，深挖细掘互不买账。

同理，工程上空调洞没有预留，采用水钻打眼；楼梯栏杆预埋件用了胀栓的安装；许多出现的封洞、凿槽，虽然有定额子目，但争着要算的却不多，多数人不知道怎么计算，应该在什么情况下计算；构造柱、圈梁、过梁的植筋争议很小。体量小是一个原因，未按图纸施工，改了施工工艺采用植筋是最大的原因。而这些施工工艺的改变或失误后的补救措施，也被甲方所认可，这些审减一般没什么大的争议（当然不含修改变更），植筋其实也是同样的道理。

由此我们看到，很多审核人也只是知其然而不知其所以然，没有说出深层次的根本所在，只是以自己的话语权优势强势压人，被审核人当然不服，于是出现强烈的反弹争议，这也许就是为何不服的原因。

4. 植筋，当前的实际现状

（1）不可否认，当前的实际现状是：大部分采用植筋（非全部），且几乎是全国性的现状。

尽管设计要求预埋钢筋（图4-22、图4-23），但因为预埋钢筋工艺太麻烦，精度难控制、后期返工量大、模板损坏严重、劳动效益低、施工成本高，且影响工期，实际施工时通常采用植筋，最后也被业主认可或默认，这也是全国性的常态或大多数施工单位的常用做法。所以才有了市场派的观点：业主同意的，又是构成工程建设实体的费用，应计取。笔者比较认同这一观点，毕竟甲方同意，事实又存在。至于怎么计算，应另当别论。

（2）图纸会审是图纸的补充，可作为结算依据，但普遍的现实是：图纸会审提出植筋，设计院不会同意，八九成会被否认。经事后的协商、修改方案，改为植筋，甲方也签字同意，如此，以为能结算了。但现实很残酷，普遍的说法是：甲方同意你修改，是同意你这样施工，没有同意你按此结算。"工程变更"≠"工程洽商"，变更是为了施工，结算是为了算账要钱，应有经济"洽商"证据。

这种结算理念是目前市场的一种"潜意识"，一种否决要钱的有效理由。也许是理论派的起点高度比较强势，但脱离市场实际、太过理想化的解释难以服人，所以许多实际案例中大部分人并不买账。

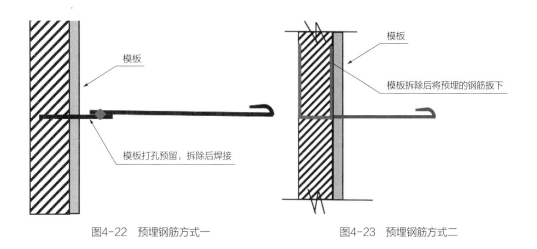

图4-22 预埋钢筋方式一   图4-23 预埋钢筋方式二

5. 植筋，如何面对

一方想要钱，另一方想扣减，道理都有一大堆，似乎谁也说服不了谁，谁也不买谁的账。但事实总要有一个正确的定论，我们该如何面对呢？笔者认为：

（1）用定额结算的项目，首先做好图纸会审工作，图纸会审阶段被否定的，事后取得业主变更的同时，再做好工程洽商，需要的不仅是合情合理，更多的是"合法"。植筋需要计算，预埋的费用也需要扣除。其次在施工合同中做好约定是解决问题的根本。

（2）使用清单报价的项目，投标方根据自身投标时编制的施工组织设计方案，做好成本的预控，将预埋钢筋与植筋的成本进行比较，如果施工方案定为植筋并且预计植筋费用大于预埋钢筋成本，变更方案的涨价因素要在投标报价中考虑。如果报价时存在侥幸心理，以后想通过变更补偿当初经济损失的索赔之路难如登天。

6. 结论

对争议发表意见的人是解决争议的最佳人选，都说"结算难，其实都是各方利益在其中博弈，真正健康的市场对于各方都是有利的"。许多看似无解的难题，只要分析出其本质，一切套路程序都是无效的伪装。

植筋这道工艺出现的本质原因是：施工方不想或者是没有经济实力操作原来传统的预埋钢筋工艺，从而在科技进步的今天想用更简单的工艺方法代替原来预埋钢筋的工艺做法。植筋在提高工作效率和降低模板支护成本费用的同时，付出的代价是降低了结构件的强度。

现在人工费年年在涨，而且绝对不可能降低，节省一个人工工日，即使多耗费50～80kg的钢筋材料费也是有效降低成本的手段。植筋可以计算植筋的费用，但要想着扣减预埋钢筋工序的费用。

31 叠合楼板结算争议背后是什么？

1. 装配式预制混凝土叠合楼板项目特征

（1）装配式预制混凝土叠合楼板；

（2）钢筋含量280kg/m³；

（3）预埋件综合考虑，包含预埋套筒、模具摊销等；

（4）投标报价包含构件吊装、就位、校正、螺栓固定、钢筋、预埋铁件、预埋线盒、支撑、构件安装等全部操作过程；

（5）由中标人深化设计，并经设计单位确认，深化设计费用由中标人承担；

（6）其他：连接收边收口所需型钢及配件等所有辅材、嵌缝打胶、模板、运输等均包含在综合单价中，不另行计算；

（7）满足设计及施工规范要求。

2. 合同价格调整

成品PC构件只调整PC构件中混凝土和钢筋的材料价格，其调价原则如下：

（1）工程量计算原则：

1）PC构件（含保温）混凝土用量按构件结构尺寸乘以0.85计算，PC构件（不含保温）混凝土用量按构件结构尺寸计算；

2）钢筋用量按构件深化图进行计算。

（2）价格调整办法：

1）施工期材料价格上涨幅度超过基准价3%时，其材料价格按实调增，计算公式为：材料调整涨价价差的金额＝施工期信息价－基准价×（1＋3%）；

2）施工期材料价格下跌幅度超过基准价3%时，其材料价格按实调减，计算公式为：材料调整下跌价差的金额＝施工期信息价－基准价×（1－3%）。

3. 报价情况

工程中标，中标的叠合楼板的综合单价为：3300元/m³。

4. 施工期间情况

（1）施工时，深化设计批准后叠合楼板的钢筋含量为140kg/m³。

（2）施工期内，××市钢筋含量150kg/m³的预制叠合楼板的信息价为：2223.35元/m³（除税价）。

5. 结算争议

第三方咨询方观点：投标时的叠合楼板钢筋含量为280kg/m³，深化设计后成了140kg/m³。所以叠合楼板应由投标报价的3300元/m³调整为结算时钢筋含量150kg/m³的信息价2223.35元/m³－（150kg/m³－140kg/m³）×合同约定的钢筋单价。

第三方咨询方理由：按投标时150kg/m³含量的信息价，即使增加130kg/m³钢筋，单价也到不了3300元/m³，所以，报价涉嫌虚高，应予以纠正。

施工方观点：叠合楼板只是少了钢筋含量，其他的均未少，构件的性质未变，调整的是钢筋用量，而非叠合楼板的单价，所以叠合楼板的投标单价不能改变。按合同"1.2 钢筋用量按构件深化图进行计算"之规定，为：投标的钢筋用量减深化后的用量，多退少补。应是：3300元/m³－（280kg/m³－140kg/m³）×合同约定的钢筋单价。

施工方理由：清单报价是按企业自身实际结合市场自主报价，结合单位的资金及本企业管理情况制定，报价时考虑了叠合楼板赊欠的财务成本（赊欠时间越长，财务成本越高），不存在虚高问题。如果当初报价被认为不合理，为何能合法中标？为何结算时才涉嫌报价偏高？

施工方认为：信息价是一种参考价，第三方咨询方如认为要按信息价调整，施工方也同意，但有一个条件，即所有材料均统一按信息价调整，不能有选择地只调减而不调增。

6. 争议背后的病态

显然，施工方的观点不符合第三方咨询方的"行规"，调增是审核行业绝对行不通的潜规则。其实，第三方咨询方的顾虑在于二审，现在不提出，要是二审发现了提出来，就显得很被动，似乎既输执业又输技术更输人。长期的职业生涯，笔者早就发现了两种现象：

（1）无论结算如何正确，"请了医生必有药吃"，二审不扣点钱下来是不会善罢甘休的，否则，终审会觉得自己没本事。明明不合理，由于种种原因（最常见的是，结算时间的拖延影响施工单位收款），在二审高压下，有时施工单位为了收款，最后会屈服"割肉"认账。

（2）深谙施工方心理：一审必须坚决顶住，给二审留点余地，否则二审的日子更加难过。实在没有可扣减的，即使"割肉"认栽，也得留给最后的二审。

于是，为了所谓的"输人输技术"而穷追猛打会形成恶性循环，审核早已超出了技术范畴，公正原则已被完全抛去，背后是不可言传的社会病态。

7. 结论

其实，审计方都知道，采用清单计价的项目，投标人按市场价自主组价，固定综合单价合同，应按合同执行。除了合同有约定的，他们无权改变合同文件，更无权修改投标综合单价。

我们经常看到，有些财政投资项目，按甲方拍脑袋意见指示，无休止地修改或变更导致严重超标，但计划资金未有分毫增加，结果结算远超原预算计划。但到了所谓的二审财评，不顾一切地扣减，理由很简单：超过了资金概算计划就得扣。更有审核人员将超概算的锅甩在施工方头上，明确说"超计划了你们不知道吗？"在他们看来，施工方做工程可以不按设计、业主意志变更，可以不听甲方指令行事。现在有了全过程工程咨询造价管理程序，这个超概算的锅将来可能会甩给其他人了。

32　这个签证最大的问题在哪里?

"签证五步法实战管理"的具体操作是什么?（图4-24）。

××××××有限公司×号车间改建项目

<u>工程量签证单</u>

填报日期: 2020 年 ×× 月 ×× 日　　　　　　　　第×页共×页

工程名称	××××××有限公司×号车间改建项目	编号	2020-××
根据甲方指令，发生以下工程量签证内容（附草图）:			
1.××××机等钢筋混凝土设备基础，原混凝土地面人工割缝，人工破碎拆除地面混凝土面层 0.2m 厚，人工挖基础。由于厂区条件有限，设备基础基坑挡土支护采用 120mm 厚砌筑砖墙。			
2.宽×深×长＝300mm×300mm×20.8m 砖砌电缆沟，原混凝土地面人工割缝，人工破碎拆除地面混凝土面层 0.2m 厚，人工挖基础沟槽。			
3.垃圾外排（运距 3km），工程量及做法详见附件图纸。			
施工单位:		监理单位:	
建设单位意见:			

图4-24　工程量签证单

根据工程量签证单原稿进行判断，发现不少问题。下面笔者就其中一份签证的败笔及注意点、完善点和大家进行讨论。

1.问题一: 脱离实际

工程量签证单原稿脱离实际，交代不明: 工程是在原有的厂房内新增设备基础，除了交代的"人工破碎拆除地面混凝土面层0.2m厚"外，其他的均无交代。

此类有设备的厂房为重型地面，面层较厚（0.2m厚），有的混凝土面层内还有配筋，所以一般不会直接坐落在自然土质上，除了混凝土垫层外，还有如三合土基层、碎石基层或3:7（2:8）灰土基层，但工程量签证单未明确。故应查阅原图纸，如业主无法提供，应在破拆后注意按实际做好记录。它直接关系到开挖的土质类别。如是三合土、碎石或灰土基层，则开挖的难度系数至少是冻土级别，而不是普通的一、二、三类土，如签证为按定额结算，将直接影响子目的套用，签证描述不清，审计时必定产生争议。

事实证明判断很准确。经查，原混凝土地面为：200mm厚混凝土＋700mm厚级配砂石垫层。基层相当密实，这么厚的基层，施工时用压路机压实的概率极大，破拆需用风镐，强度远超四类土（图4-25）。到底属于什么性质，应与业主协商好，否则审计时产生争议的可能性很大。

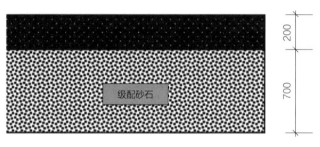

图4-25　原厂房地面剖面示意图

2.问题二：交底不详

工程量签证单原稿交底模糊不详：

（1）设备基础挡土墙、电缆沟的砌筑砂浆强度等级、基础底垫层及强度等级不详。

（2）地面为0.2m厚混凝土面层，支护墙的顶部是补浇混凝土还是用砂浆抹灰。原稿做法不详，影响砌筑或混凝土的工程量计算（图4-26）。

（3）原稿中的电缆沟盖板为预制混凝土盖板，但未明确是现场预制还是购买成品。如把购买成品算成现场预制，则会出现亏损。

（4）电缆沟抹灰砂浆配比、是不是防水砂浆抹灰，原稿交代不明。

（5）电缆沟盖板是砖砌企口还是混凝土浇筑企口？如是混凝土企口压顶，其厚度、强度等级是多少？（是否同原地面？）因这类车间重物较多，砖砌企口是否能承载、是否适用，应取得业主意见，以防二次返工（图4-27）。

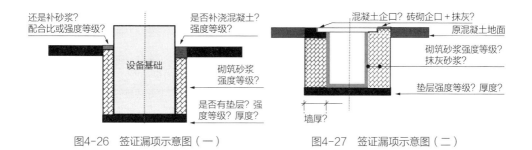

图4-26　签证漏项示意图（一）　　　　　图4-27　签证漏项示意图（二）

3.问题三：用词不准

"原混凝土地面人工割缝"：200mm厚的混凝土不可能用人工割缝，肯定为切割机切割，签证描述不合理，更与实际不符，虽说不是什么原则性的大事，但为避免审计时发生口舌之争，应尽量给出正确的描述。

4.问题四：考虑不全

工程量签证单原稿考虑不全，无保护措施。在生产车间施工，应是无损的保护性施工，破拆这类地面应该有相应的保护措施。例如，在作业面铺设草垫、土工布之类的保护层，以免对原有地面造成损伤。

对于这类维修工程，必须做好保护措施，否则一旦损坏，其修复的代价将远大于保护的成本，且难以达到原来的要求，从而产生后遗症。所以应向业主提出建议，如业主同意，则应在工程量签证单中体现，并配图示意。如业主不同意，应提出免责要求，或至少在协议价格时考虑这部分因素。这属于特殊保护，取费中的那点保护费是远远不够的。

5.问题五：签证漏项

签证漏项是一般年轻预算员做签证时最容易忽视的，也是本签证的一大败笔：垃圾内运。

实际的做法是：有设备的车间不能堆放垃圾，挖出的垃圾直接装上手推车，运至车间外的临时堆放点（图4-28），然后再集中外运。大车间长×宽＝120m×24m，手推车运输的工程量很大，但工程量签证单原稿中却未反映，属于严重的措施项目漏项。

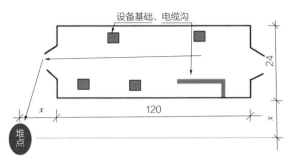

图4-28　渣土运距示意图（m）

其中需要注意的是：

（1）破碎挖出的混凝土块及砂石料，其外运的体积远大于计算的挖方量（外运量＞挖方量），其松散系数需与业主协商，否则审计时不被认可的概率极大（北京修缮定额中将拆除钢筋混凝土的松散系数定为1.35）。

（2）外运时是人工装车还是机械装车？人工装车的费用大、成本高（如果是装袋装车成本将更高）。上百立方米的垃圾装车，对人工而言，其工程量不算小，但对机械来说，这点工程量很小，装车机械进退场需要一定的费用，不事先约定好，干完活结算时再想计算一遍人工挖垃圾装车或机械挖土装车的概率几乎为零，故相关的费用需与业主协商（当然，是否还有渣土消纳费），否则如执行定额，必亏无疑。

（3）如外运垃圾执行定额而不是采用包干价的，还需明确装车机械的型号、外运车辆的吨位。采用定额计价时，车的吨位不同，定额的子目也不同，直接费也就不同。

6. 签证到≠结算到

签证是对施工过程的记录，最终目的是算清账、要到钱，所以，所做的签证必须便于最后的结算。纵观工程量签证单原稿，笼统、不明、不详、漏项。签证的基础不牢，审计时就会出现多种解释，争议随之而来，就有可能被扣钱，这对弱势的施工方很是不利。究其原因：

（1）签证起草人缺乏必要的施工组织经验，对拆除工序不明是细节不详的原因所在。对细节的掌握其实就是对施工工艺的了解过程，所谓细节决定成败，细微之处见真章，说的就是这个道理。只有掌握了细节，才能做到准确计算，"准确计算原则"不是空洞的口号，需有扎实的基础作保障才行（图4-29）。

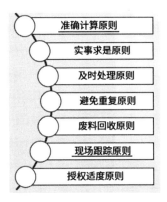

图4-29 五步法签证的原则

（2）签证的原则中有"现场跟踪原则"，从工程量签证单原稿中可以看出，签证的起草者脱离现场的意味很浓。

跟踪是感性认识，区别于书本的理性认识，通过现场跟踪观察可有效避免签证的少量、漏项。因为现场既有人为因素，也有很多可变因素，更有许多看不见的隐藏量。所以，唯有跟踪现场、接触现场才能掌握施工细节。如图4-26所示挡墙顶部的处理，就是"跟踪现场、接触现场"的典型案例，而垃圾二次运输的漏项更是典型中的典型。

（3）按合同条件，本签证按定额结算，但对于这类零星工程，因工程量小、人工幅度差大，地沟、挡墙的砌筑、抹灰按定额水平是亏本的。尤其垃圾的人工装车，用工量大，在工资高涨的当下，用工成本很大，结算时能否予以确认还是个未知数。

值得注意的是，施工用的砖、砂浆、混凝土、地沟成品盖板等材料，均不能直接运到作业点，只能先用手推车从车间内二次倒运至装车点，按常规费率取费的二次运输费根本满足不了本项目的成本支出需求，工程量签证单原稿只是粗略地描述了工程量。不事先约定二次运输费用，结算时这些成本费用是无法计价得到的，这就是常见的签证到≠结算到的原因所在。

许多人的认知就是签证到就能结算到，到最后发现亏本了，于是到处找依据补资料，请教所谓的"老师""高手"寻答案，或埋怨甲方、审计"不讲理"，或上级责怪预算人员"无能"要不回来钱，其关键是混淆了"工程签证"与"工程洽商"的概念，偏误了方向。

只重施工、不重结算是本签证最大的败笔所在，很多签证属于事后成本的范畴（也就是施工完成后再办理签证手续），对于这类签证一定要把看不见的量公示于纸面上，如二次搬运的距离、垃圾清运的里程、渣土消纳费的单价等与经济有关的要素。签证如何便于结算，是一个系统工程，需有明确的前提条件、扎实的基础作保障，不能就签证论签证。按定额结算的零星维修的砌筑、抹灰项目，执行的是建筑工程定额还是修缮定额？定额缺项的怎么办？二次倒运超定额取费水平如何处理？尤其在审计时，同意给切割、地面保护费用的概率极小，因为施工时审核人员不在现场，他们没有什么构件无损破拆、特殊保护这种现场实际采取措施的概念，认为那都是施工方应该采取的措施，费用已包含在拆除费用的综合单价中，但施工方恰恰在许多时候没有想到计取这类应该包含在清单项目综合单价中的费用。

33 装修阶段混凝土泵送费该不该算？

楼地面细石混凝土找平层或地暖楼地面地暖管的豆石混凝土保护层施工（地暖管的豆石混凝土保护层，有的地方称为找平层，也有的地方称为楼地面垫层），因为人工费不断高涨，传统的人工二次运输建筑材料逐渐被机具、机械所替代，对于细石混凝土浇筑工序，施工方在有条件的情况下一般会运用小型混凝土输送泵来输送混凝土进行浇筑施工，现在行业争议的焦点是，这个混凝土泵送费到底该不该算？如果该算，那谁来承担这笔费用比较合适？笔者认为，如果说国内取消定额有什么优点可圈可点，那么将工程造价人员头脑中固有的定额模式清除就是最大的成就。混凝土泵送费只是垂直运输费大类中的一项工程措施费分类，使用或者不使用混凝土输送泵完全是施工方投标报价时自行考虑的问题，施工方要做的只是在投标报价和施工组织设计方案中将其体现出来就可以，即便是投标时计取了混凝土泵送费，而实际施工时并没有采用混凝土输送泵，此项费用结算时也不能被扣减，因为混凝土工程量没有变化，不管采用什么方式垂直或水平运送混凝土都需要发生费用。长此以往，造价同行形成的固有模式有以下几种表现形式：

1.建设方、建设方委托的审计方观点

（1）因为混凝土泵送费子目包含在建筑工程内，所以混凝土泵送费只适用于建筑工程，不适用于装修工程，故不能计算。

（2）对混凝土垫层的定义：混凝土垫层工序属于建筑工程工序，可以计算。但该垫层是楼地面，属于装修工程工序（大部分行政区域对于垫层这个构件在定额中还分为建筑工程垫层、装修工程垫层），因其不是建筑工程，故不能计算。

（3）如定义为找平层，因找平层属于装修工程，更不能计算。

（4）由于处于建筑装修阶段，采用混凝土泵送施工，可节省人工和相应的垂直运输费，混凝土输送泵是施工方为了节省人工而采用的机械代替人工的一种措施，故不能单独计算混凝土泵送费。

（5）泵送商品混凝土与非泵送商品混凝土价格不同，施工方擅自增加造价，故不能计算。

（6）建筑工程定额中考虑的是常规低压输送泵，泵的口径一般为$\phi150$（外径为$\phi159$），而地暖垫层施工的小型混凝土输送泵的口径一般为$\phi125$（外径为$\phi133$），两者的功率不同，机械的台班费也不同。虽然机械的台班费不同，但混凝土的泵送费单价与建筑工程采用大口径泵车的泵送费相同，施工方以小博大，故不能计算。

2.施工方观点

（1）混凝土泵送费子目虽然包含在建筑工程内，但定额说明并没有具体条款明确混凝土泵送费只适用于建筑工程，而不适用于装修工程，没有规定就可以计取，如果预计要发生就应该计算混凝土泵送费。

（2）混凝土泵送费已经考虑了人工的减除因素，不存在降低人工消耗量问题。

（3）使用泵送商品混凝土材料，是业主同意的做法，不是擅自增加造价。

（4）泵送机械不同，机械台班确实不同。但是泵送机械功率大，则输送量大，施工周期短，施工效率高；泵送机械功率小，则输送量也小，施工周期变长，施工效率降低，此为正比关系。且混凝土泵送费是以混凝土体积计算的，不是以机械台班计算的，与机械功率大小无关，不存在以小博大的问题。

3. 难点分析

按业内有定额的套定额、没有定额的编制补充定额经批准后再使用的规矩，即使允许计算，也需换算泵送的机械台班费，其换算的难点在于：

（1）定额考虑的每立方米混凝土的泵送费依据什么而来，无从知晓。

（2）小型混凝土输送泵是在泵送混凝土定额子目编制出来后发明出来的，大部分地区的定额均无小型混凝土输送泵的机械台班消耗量测算，换算没有充足依据的基础数据，给换算带来很大的困难。因为没有充足依据的基础数据，就会出现无尽的争议。

（3）如果自己换算编制补充单价，那由谁来批准又是一个无解难题。

（4）小型混凝土输送泵价格和消耗量换算都是很棘手的问题，施工方按市场行情上报的台班单价，取得的台班费证据的客观性和真实性会遭遇审核人员质疑。

（5）争议问题被无证据否定是工程造价行业现实中存在的最大问题。

4. 施工方应如何应对？

类似的争议还有很多（如：满堂基础的50mm细石混凝土防水保护层。防水属于建筑工程，该保护层属于垫层还是找平层？如按垫层计算，同样体积的混凝土，垫层的定额单价比找平层小；如按找平层计算，则属于装修工程，因是装修工程就不能计算泵送费）。为此许多同行将争议上报到相关部门，想得到一个明确的官方回复，可得到的回答基本上是甲乙双方自行协商，等等。

本来就没有正确答案的问题，非要得到一个客观性的正确答案会严重制约建筑行业的发展，别说混凝土输送泵这类小型机械，就算将来采用直升机运输建筑构件方案，也一定有其科学存在的道理，没有什么能与不能的绝对是非判定。

作为弱势方的施工方，从源头上解决问题才是根本：

（1）精通图纸，熟知工艺，通晓工序，是工序决定措施方案，而不是书本理论，更不是官方文件教谁如何运用措施方案。

（2）清楚本单位习惯的常规措施做法和成本管理流程，如露天球场混凝土地面这类构件都在采用泵送混凝土的先进施工方式。

（3）项目投标时做到技术与经济一致性，施工组织设计方案提出的工程措施项目在投标报价时一定要有费用体现，如施工组织措施方案提到工程某个部位或某处构件混凝土需要使用泵送，投标报价一定对应施工组织措施方案，杜绝技术标抄模板、经济标凑数字的投标方式。

总之，清单计价的一个基本原则就是投标方自主报价，而不是以套定额来凑数，现在的施工方案能用机械的坚决不用人工，因为人工费越来越高，而机械费占工程总造价的比例却在下降。以浇筑混凝土工序为例，只要能节省5～6个人工工日，就一定选择泵送混凝土代替人工运输混凝土，是用手推车还是泵车只是工具选择问题。施工方投标时应该将具体方案考虑清楚，投标时不计，结算时一定得不到，措施费项目不要建立"可以按实结算"这种误区，措施费项目不同于实物量可以按实结算，措施费项目必须事先计算，也不要被招标工程量清单不能改动的说法所约束，所谓不能改动招标工程量清单项目是不能改动分部分项工程量清单中的实物量清单项目，在措施费项目清单中，投标方可以根据方案需求自行增加措施费项目，只要不任意删除招标工程量清单中的措施项目就可以了。在投标报价中真正本质的内容是投标人首先要会衡量措施方案成本的优劣，才能充分建立自主报价体系，如构建企业内部定额、实行投标评审制度、施工组织设计方案指导报价和施工，让工程成本测算落到实处，才可以真正报出有竞争力的价格。

34 "自杀式"清单答疑与投标艺术

随着《住房和城乡建设部办公厅关于印发工程造价改革工作方案的通知》（建办标〔2020〕38号）的发布，市场模式清单在非政府投资项目上执行将成为主流，由此衍生出"市场模式带价清单""市场模式重计量模拟工程量清单""市场模式重计量模拟工程量带价清单"。尤其是"带价清单"，甲方把单价定得很低，且清单的单价不能改变，报价时只能作总价的浮动，所以，投标出现的不是优惠下浮，而是总价上浮。所以此类工程的流标率很高。

模拟工程量清单，需要在日后对工程量进行重新计量。看似简单的工程量计算，其实远非想象中的那么简单，它集预算功底、施工知识、投标技术、技巧、艺术于一身，有的模拟清单甚至没有图纸，对造价人员的综合能力提出了更高的要求。

下面通过正反两个案例，就"市场模式重计量模拟工程量带价清单"投标中的技术技巧和策略艺术，与读者一起讨论。

1. 认识建设方

经过多年的博弈、总结和积累，建设方早已形成了一套严密的防范体系，海量的数据库、规范的程序和流程，使人不敢越雷池半步。加上至高无上的话语权，用铜墙铁壁形容一点也不为过。"花最少的钱，做最多的事"是建设方追求的目标。于是，国家的合同通用条款被抛弃，排除他人权益的格式条款层出不穷。低层次的，常人几乎难以启齿的霸王条款横空出世；高层次的，冠冕堂皇的合同下是美丽的陷阱。设置一个障碍、给一个随便的理由，便可拒绝施工方的一切诉求。总之，建设方的理念就是：施工方少找麻烦多干活，增加结算的事情尽量不认可或砍掉部分费用（图4-30）。

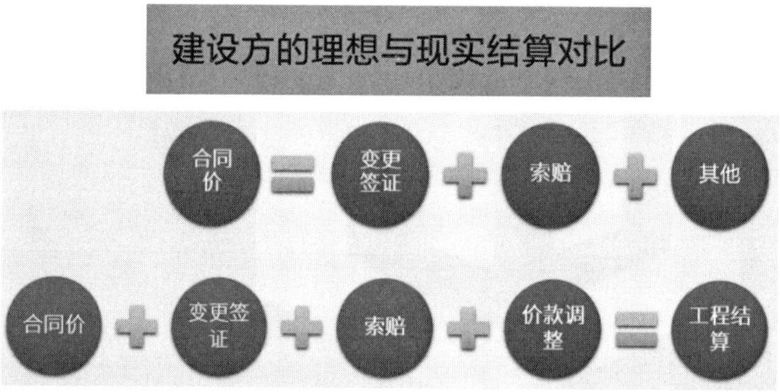

图4-30　工程竣工结算的流程

2. "难得糊涂"的招标答疑

某工程为46栋三层厂房，每栋厂房的底层面积约为350m²。招标方式为"市场模式重计量模拟工程量带价清单"报价。其清单中的散水项目特征与相关的图集做法相符（图4-31），如造价人员施工常识欠缺，就清单论清单，不仔细对照分析，则很难发现其陷阱所在。

经清单与施工图的对照，图纸的散水做法为12J1-160-散1。陷阱在于：标准图集上是60mm厚混凝土，清单为40mm厚混凝土。清单的描述与实际标准图集有差异（图4-32）。

工程名称：××××

序号	项目编码	项目名称	项目特征	计量单位	工程数量	金额（元）	
						综合单价	合价
		楼地面工程					××××
33	装×××	散水	细石混凝土散水 1.40mm厚C20细石混凝土，上撒1:1水泥砂子压实赶光 2.150mm厚3:7灰土 3.素土夯实	m²	××××	××××	××××

图4-31　散水工程量清单项目

编号	名称	工程做法
散1	混凝土散水	1. 60mm厚C20混凝土，上撒1:1水泥砂子压实赶光 2. 150mm厚3:7灰土 3. 素土夯实，向外坡4%

图4-32　标准图集散水做法

那么，按什么报价呢？如按标准图集做法报价，价格变高，理论上中标概率将会降低。

如投标方提出答疑澄清，按建设方一贯的"太极"做法，得到的答复大概率是：投标人自行考虑。

经思考，与其澄清不如装傻，以其人之道，还治其人之身，不主动提出投标答疑文件，图纸会审时亦不提出，以"太极"对"太极"，来个"难得糊涂"，利用漏洞，看破不说破。

投标报价时考虑好这部分的成本因素，适当地放低利润点。因为增加利润的最高境界是锦上添花，而不是把全部希望压在"赌"上。

考虑第三方造价咨询很难统筹到建设方的施工技术部门，图纸会审又没有相关文件，图纸会审后重计量时，只要建设方没有变更单，按招标文件"漏项、漏量"的规定，按实调整的概率将会大大增加。

编制最高投标限价的单位常见病是两多，即：常规的套路格式多、脱离实际多。对一些非常规的做法尤其是细节，漏项是经常的事，所以重计量模拟清单的重点应放在细节上。经深入研究，该清单类似的情况很多，如：

（1）回填土的地面没有沉降缝；

（2）外墙分隔缝、分格缝、滴水线；

（3）屋面排气管；

（4）屋面防水金属盖板、金属压条（图4-33、图4-34）。

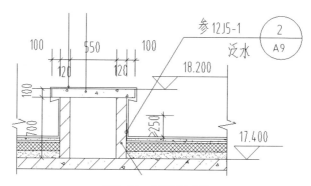

图4-33　金属泛水压条

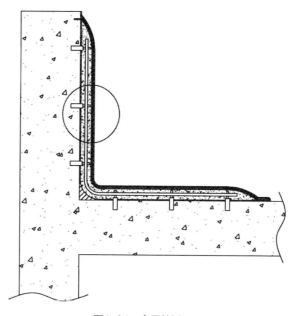

图4-34　金属盖板

如投标时一一提出澄清质疑，建设方答复肯定是：已包含在××项目内，请在报价中综合考虑。如果投标时综合考虑了这些费用组成，则竞争力大大降低；如果不考虑，答疑文件里已经明确自行考虑，这属于投标方故意让利，结算时得不到费用补偿。

3."自杀式"的答疑澄清

某招标工程约定的重计量计算规则为：执行当地定额计算规则。有些善于研究的预算人员，对工艺、工序、定额把握得很细、很深，喜欢对不明确的地方提出质疑，清单计价模式下还运用传统的定额计价思维，对"重计量"的投标模式认识不足，不懂投标的艺术技巧，提出的答疑澄清却正中建设方下怀，无异于投怀送抱式的"自杀"（图4-35）。

以±0.000以下脚手架为例，按当地定额计算规则，基础深度超过1.2m时，完全可以计算砌筑脚手架。但经此答疑，一句"重计量时亦不增加"的回复，等于被强行扣除了该计算的脚手架费和依附斜道的费用（图4-36、图4-37）。

15. 未看到建筑措施清单中：(1) 依附斜道；(2) ±0.000以下脚手架，电梯井字架；(3) 卷扬机或施工电梯；

回复：本次招标项目不涉及以上套项，重计量时亦不增加。

图4-35 对措施项目的质疑及回复

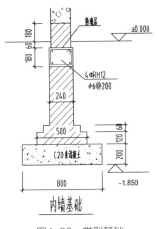

图4-36 带型基础

> 5.建筑高度超过 1.2m 的砖基础脚手架，按砖基础的长度乘以砖基础的砌筑高度。

> 十三、建筑物最高檐高在 20m 以内计算依附斜道，依附斜道的搭设高度按建筑物最高檐高计算。
> 十四、地下建筑物的脚手架及依附斜道套用相应高度外双排脚手及依附斜道项目。

图4-37　基础施工可以计取脚手架的定额说明

当然，按照建设方的回复，投标方完全可以将此成本在报价中考虑，其本身没有什么问题。只说明其没有投标艺术，只重视一次经营，对二次甚至三次经营理念的精髓认识不足。

4.结论

当然，万事都具有两面性，对模拟清单重计量要有足够的认识，双方投标阶段的报价高低，体现在重计量阶段清单工程量的增减变化，引发利润率的增减，虽然许多设想不一定能够实现，但做好最坏的准备必不可少。

由于市场模式的游戏规则由业主所定，出现争议就类似于"本活动最终解释权归主办方所有"，无论实际情况如何，只要与扣量、减价沾边的条件就绝对扣除，有些扣钱的理由能让施工方火冒三丈。重计量阶段，中标通知书已经下发，工程已经开工，施工方也已经进场，被计算规则所坑的大多是弱势的施工方。究其本质就是对计算规则的歪曲，与技术毫无关系。经多个工程的事后分析，重计量时被黑工程量折算成造价金额，能达到总价的1.0%以上。所以，投标时不能太过自信，一定要考虑好这部分因素。

兵法云：知己知彼，百战不殆。认识自己（投标阶段充分核量，不能图省事坐等重计量时再算量，将来要减少的量报低价，将来要增加的量报高价），认识对方（总结分析建设方及其雇佣的咨询方在重计量阶段惯用的扣量手法，事先找到反驳对方的证据，如门窗侧壁，在组价时直接在清单含量中增加系数，总之量上不能吃亏），通过比较计算，知道差距与症结所在，在更多了解的基础上，通过合理布局，找出应对方法（宏观的成本预控，微观的艺术策略），以取得最大的成功。

第5章 工程造价人员路在何方

35 报混凝土计划，预算员为什么被项目经理骂了？

1.预算员被骂

为保证低价中标的项目能有一定的盈利，避免陷入亏损境地，"增收节支"是承包商的主要策略，成本控制、精细化管理成了当前承包商口中最热门的词汇。一般的企业都制定了自己的企业控制指标（图5-1）。

四	实体性材料用量		
1	钢筋损耗	房建项目损耗率≤1%	损耗率=（实际用量-图纸净用量）/图纸净用量
2	商品混凝土、预拌砂浆	房建项目损耗率≤0.7%	损耗率=（实际用量-施工图预算量）/施工图预算量
		桩基混凝土损耗率≤定额充盈数的50%	
3	自搅拌混凝土原材料	砂子、石子损耗率≤2%	损耗率=（实际用量-试验配合比理论用量）/试验配合比理论用量
		水泥、外加剂损耗率≤1%	
4	砌体	加气混凝土砌块损耗率≤5%	
		混凝土小型砌块损耗率≤3%	
		蒸压灰砂多孔砖损耗率≤2.5%	

图5-1 实体性材料损耗率

某预算员在一个较大的建筑公司工作，在上报筏板混凝土浇筑量时，根据公司≤0.7%消耗量的控制指标，经过自己的猜想后，按0.5%报提了混凝土用料计划为

858m³（图5-2）。项目经理审批计划时，由于预算员说不出0.5%的原因，被狠狠地责怪了一通。

混凝土浇筑通知单

编号：_____

工程名称：[ ]项目，需要贵部 提供以下商品混凝土，混凝土公司名称 ：[ ]

序号	施工部位	混凝土强度等级及抗渗等级	混凝土方量（m³）	混凝土坍落度
1	底板（2+3～34轴/GH-3～6轴）【62m泵】	C35　P6	858	180±20
2				
3				
4				
5				

计划浇筑时间	2021.4.24　6：00	施工员		施工员电话	
质量部意见		区段长		区段长电话	
技术部审核		商务部审核			
生产经理		技术负责人审核			

图5-2　混凝土计划

预算员非常委屈："定额的损耗率是1.0%，公司规定的损耗率是不大于0.7%，按定额损耗率上报肯定不行，如果按公司规定的0.7%又会被说是项目上没有节约，按0.5%又要责怪我没有依据。公司为何规定0.7%，项目经理也说不出来原因，却要我说出为何按0.5%，这不是'只许州官放火，不许百姓点灯'吗？"关于这个问题，笔者认为项目经理的做法正确。

2. 值得肯定的项目经理

公司0.7%的损耗率指标是根据历年积累的大数据综合而来的，它是一种成本控制的方向目标，属于战略层面，与战术上0.5%的损耗率实际操作是完全不同的层面，不可相提并论。将战略与战术并论，显然是错误的。

笔者认为：项目经理强调的不是0.5%的损耗率是否正确的问题，他要的是计算损耗率的过程，如果预算人员能说出原因，报的计划哪怕超过定额规定的1.0%，只要符合实际，也绝不会有任何责怪。一个自己也说不出来原因的成本数据，如何要求别人按此执行？所以，项目经理的做法非常正确，值得肯定。

3. 影响报量计划的因素

报提筏板混凝土的浇筑计划，看似容易，其实并没有想象中的那么简单。如果那位预算员能将影响混凝土计划的因素与项目经理一一道明，相信得到的不是被骂，而是表扬。

（1）混凝土罐车容量

有些信誉比较差的混凝土公司，罐车容量不足的情况时有发生，像垫层、筏板基础这种可变因素较大的构件，尤其是浇筑毛石混凝土时，可以借口毛石放多放少，故意减少罐车容量，如果现场疏于管理，那么计划就永远弄不准。此虽与预算无关，但作为一个重要因素，预算人员若将此因素向项目经理说明，可体现出预算人员考虑问题的周全、技术的全面。

（2）基础断面

一个筏板基础，十几（几十）米宽，几十米（几百米）长，厚度又厚。几厘米的误差（或多或少），对混凝土用量就有很大的影响。尤其是地下室外墙，外有挑边的基础（图5-3），有经验的施工方会有意缩小10～20mm（将500mm的外挑缩小至490mm甚至480mm），这就影响了混凝土的计划用量。尤其是筏板的厚度，几千平方米的筏板，厚度由1.60m缩小到1.59m甚至1.58m，对结构的影响微乎其微，因误差很小，一般也很难在意，但对混凝土计划用量的正确率有着很大的影响。

（3）电梯井、集水坑

筏板中有很多电梯井、集水坑，其最大的问题出在电梯井、集水坑断面不准确（平面、立面），影响其断面的因素有：

1）电梯井、集水坑位置发生偏移，纠正后导致断面变大；

2）施工人员为了方便施工，有意适当放大断面（一旦断面小了，钢筋放不下，返工的损失极大）；

3）电梯井、集水坑位置无偏移，施工误差造成断面增大；

4）电梯井、集水坑斜坡塌方，修复后造成断面增大；

5）基坑超深。

由于电梯井、集水坑的深度深、断面大，无论哪种原因，一旦出现误差，将使混凝土用量大幅增加。一个基坑多浇筑几十立方米混凝土，是很随意的事情（图5-4）。

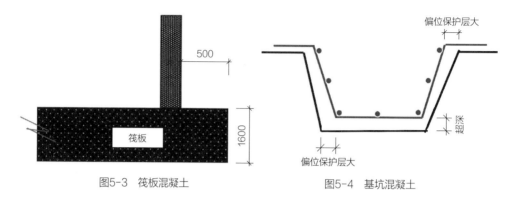

图5-3　筏板混凝土　　　　　　　　　　图5-4　基坑混凝土

（4）钢筋占比

定额含量中的混凝土已考虑了钢筋占比因素，钢筋所占的体积不扣除。但报提混凝土计划时，需适当考虑此方面的因素。尤其是上海、江苏等苏南一带地区，地基承载力差、筏板基础厚度大、钢筋含量大，远超出定额考虑的含量因素。如果筏板钢筋用量很大（如钢筋含量80～100kg/m³），则计划报量时应适当考虑此方面的因素。因为定额考虑的是一种水平，而非数字本身，施工预算与预算图预算性质不同，考虑的因素也不同，报提计划属于施工预算中的材料提料范畴，与工程预算是两个概念。

如果忽略了上述这些微小的细节因素（当然，还有公司的施工习惯因素等），0.5%的损耗率就是为完成公司的成本计划指标而设置，这属于典型的知其然而不知其所以然，最终实际用量与计划用量的差距就是一个说不清楚的数字。

很多时候成功源于发现细节，没有细节就没有机遇，留心细节意味着创造机遇，一件司空见惯的小事或许就是打开机遇宝库的钥匙。正所谓细节决定成败。

4.结论

成本控制理论告诉我们："制造过程是成本实际形成的主要阶段，绝大部分的成本支出发生在该阶段，包括原材料、人工、机械、各种辅助材料的消耗、工序间各种形式的运输费用、其他管理部门的费用支出。投产前制定的种种方案设想、控制措施能否在施工过程中贯彻实施，大部分控制目标能否实现，都与该阶段的控制活动紧密相关，它主要属于事中控制方式，由于成本控制的核算信息很难做到及时，会给事中控制带来很多困难。"

对于预算员而言，在报提材料计划的时候，由于太多的动态因素制约（如：石质基层的基础垫层，基层坑洼洼、高低不平），要把计划报准确，确实是一件不容易的事。公司的指标是死的，实施中的动态因素却是活的，预算员只有掌握了具体的施工现场情况，才能在万千变化中将计划报准，但真正做到精准计划的预算员却不多。所以，预算员必须深入了解、熟悉、掌握现场，动静结合，敏锐洞察，对各种因素进行综合判断，方能确保计划的正确。这是一个高技术含量的活，也是综合能力的具体表现。通过这件事情说明，工程造价人员报出的每一个数字都必须要有完整、科学的系统理论做支撑，这套系统理论也许要在施工现场积淀30年。

36　对着一张材料表能不能反着做出清单报价？

通过一张材料表（图5-5），谁能编制出清单报价？笔者尝试了一下，并将编制结果（图5-6）与图5-5材料量偏差做了对比，如图5-7、图5-8所示。

材　料　表

序号	名称	型号	单位	数量	备注
1	圆钢	$\phi 16$	m	930	热镀锌
2	扁钢	-50×5	m	156	热镀锌
3	水平接地体	TMY-40×4紫铜	m	174	
4	垂直接地体	紫铜$\phi 14.2$ L=2.5m，铜镀钢接地棒	根	6	
5	垂直接地体	角钢 ∠50×5 L=2.5m	根	25	热镀锌
6	临时接地端子		套	14	热镀锌
7	6mm²双色接地线	BRV-450/750-1×4	根	8	
8	地网观测桩		个	8	
9	放热焊接点		点	40	
10	焊粉		支	20	
11	放热焊接模具		套	1	
12	低电阻回填材料	电阻率≤1.25Ω·m，理论电阻率≤1.75Ω·m	t	0.4	
13	PVC管		m	12	

图5-5　防雷接地项目材料表

分部分项工程和单价措施项目清单与计价表

工程名称：防雷项目　　　　　　　　　　　　　　　　　　　　第 1 页 共 1 页

序号	子目编码	子目名称	子目特征描述	计量单位	工程量	金额（元）		
						综合单价	合价	其中 暂估价
		整个项目					44344.14	
1	030409005001	避雷网	16圆钢	m	930	25.94	24124.2	
2	030409002001	接地母线	-50×5	m	150	53.74	8061	
3	030409002002	接地母线	TMY-40×4 紫铜	m	170	47.34	8047.8	
4	030409001001	接地极	∠50×5 L=2.5m	根	25	116.29	2907.25	
5	030409001002	接地极	紫铜接地棒 14.2mm L=2.5m	根	6	95.29	571.74	
6	030409003001	避雷引下线	BVR-450/750-1×4	m	85	3.95	335.75	
7	030411001001	配管	PVC40	m	12	24.7	296.4	
		分部小计					44344.14	
		措施项目						
		分部小计						

图5-6　根据图5-5编制的清单报价

单位工程人材机汇总表

工程名称：防雷项目　　　　　　　　　　　　　　第 1 页 共 2 页

序号	名称及规格	单位	数量	市场价	合计
一、	人工类别				
1	综合工日	工日	173.598	78.7	13662.16
三、	材料类别				
1	镀锌角钢	kg	247.4	5.22	1291.43
2	镀锌扁钢	kg	313.28	5.22	1635.32
3	钢保护管	根	9.3	6.87	63.89
4	镀锌圆钢 φ16	kg	866.76	6.16	5339.24
5	水泥（综合）	kg	72.54	0.4	29.02
6	砂子	kg	297.6	0.07	20.83
7	镀锌垫圈 10	个	15.3	0.11	1.68
8	镀锌六角螺栓 10×30	个	15.3	0.21	3.21
9	镀锌木螺钉	个	16.4736	0.04	0.66
10	镀锌扁钢卡子	kg	779.73	4.04	3150.11
11	镀锌铁丝 13号～17号	kg	0.1261	6.55	0.83
12	电焊条（综合）	kg	30.585	7.78	237.95
13	焊锡	kg	0.51	57.5	29.33
14	铜焊粉	kg	0.51	20.8	10.61
15	铜焊条	kg	4.93	50	246.5
16	镀锌弹簧垫圈 10	个	15.3	0.03	0.46
17	镀锌蝶形螺母 10	个	15.3	0.78	11.93
18	镀锌膨胀螺栓 φ6	套	183.6	1.2	220.32
19	调合漆	kg	3.75	12.4	46.5
20	防锈漆	kg	13.02	16.3	212.23

图5-7　验算∠50×5接地极镀锌角钢及镀锌扁钢的长度是否与材料表相符

单位工程人材机汇总表

工程名称：防雷项目   第 2 页 共 2 页

序号	名称及规格	单位	数量	市场价	合计
1	电焊机（综合）	台班	11.7445	18.6	218.45
2	其他机具费	元	528.24	1	528.24
五、	主材类别				
1	绝缘导线 BVR-450/750-1×4	m	98.6	2	197.2
2	铜母线 TMY-40×4 紫铜	m	176.8	10	1768

图5-8 验算铜母线与接地线的长度是否与材料表相符

∟50×5接地极镀锌角钢长度＝247.4/3.77（每米∟50×5镀锌角钢的质量）＝65.62（m）；

接地极根数验算＝65.62/2.5（L＝2.5m单根长度）＝26.25（根）；

扣除材料损耗，与材料表中25根∟50×5镀锌角钢接地极数量一致。

同理，－50×5镀锌扁钢长度＝313.28/1.96（每米－50×5镀锌扁钢的质量）＝159.84（m），与材料表中156m的数量也相符。

图5-8中TMY-40×4紫铜母线和BVR-450/750-1×4接地线更是与材料表基本一致。

笔者通过亲自编制清单，把对照材料表如何编制清单的思路和步骤总结一下：

（1）要知道材料表（图5-5）中各材料的用途：表中很明确用于防雷接地，如果不知道，可以查一下如TMY-40×4紫铜母线的用途是什么。

（2）找出表中的工序主材：很显然表中大部分都是工序主材，只有类似低电阻回填材料属于辅助材料，如图5-9所示。

5	水泥（综合）	kg	72.54	0.4	29.02
6	砂子	kg	297.6	0.07	20.83

图5-9 低电阻回填材料

（3）根据工序设计清单项目：如图5-10所示。

分部分项工程和单价措施项目清单

工程名称：防雷项目

序号	子目编码	子目名称	子目特征描述	计量单位	工程量
		整个项目			
1	030409005001	避雷网	16圆钢	m	930
2	030409002001	接地母线	−50×5	m	150
3	030409002002	接地母线	TMY-40×4 紫铜	m	170
4	030409001001	接地极	L50×5 L=2.5m	根	25
5	030409001002	接地极	紫铜接地棒 14.2mm L=2.5m	根	6
6	030409003001	避雷引下线	BVR-450/750-1×4	m	85
7	030411001001	配管	PVC40	m	12
		分部小计			
		措施项目			
		分部小计			

图5-10　清单项目列表

（4）根据清单项目工序组价。

对着材料表编制清单报价最关键的环节是通过材料知道工序，再根据工序编制清单项目。做工程造价平时要多深入施工现场，才能尽可能多地认识建筑材料。

37　工程项目中的隐形成本

笔者一直强调：想把工程造价作为职业的人，计算工程量将是伴随其一生的工作程序。无论其学历、职称、职位达到什么高度，想要做好每一份工程造价预算，工程量是无法绕过的要素，有人会说"这类低端工作内容交给实习生也可以完成，用不着高管亲自算量"，甚至有咨询公司人员见到本公司老板在算量竟然惊呼（图5-11），充分反映出其对工程造价职业的不了解。

今天看到老板在算量，感到奇怪，为什么连老板都要算量，我们是工程咨询公司？

图5-11　老板在做什么

从这个问题可以看出，现在的工程造价人员真正会计算工程量的人确实匮乏，以至于到了关键时刻，老板不得不亲自出马。笔者曾经提出过"赢在算量"这一概念，只要在算量过程中战胜对手，结算的胜率就赢得80%，因为之后的一切程序都要以量作为底层逻辑，能保证工程量计算准确，之后在其基础上开展的工作就能顺利进行。

许多同行看完后会辩解，算量三个月就掌握了，而且建模计算出来的量偏差也不大，怎么就断定不会算量？对着图纸计算实物量只是算量的一小部分内容，真正看不见、摸不着的量大量存在，也就是所谓的隐形成本。隐形成本也不是由同一性质的费用组成，大致可以分为两大类若干小类。

1. 隐形成本分类

隐形成本可分为3类：

（1）施工过程中看得见，竣工验收后则看不见的成本：如脚手架、模板这类属于技术措施费性质的成本。因为施工期间还看得见，对于这类工程量，做过一段时间工程造价的人也会建立量的概念，脚手架、模板等费用在组价过程中丢项的概率不大。

（2）无论施工过程中还是竣工验收后都看不见（或看不清）的成本：如材料二次搬运费、成品保护费、冬雨期施工费等这类属于组织措施费性质的成本。所谓看不清就是即便已经预知要发生此类费用，但发生多少、什么时候发生、以什么形式发生等在预算阶段都是未知数，看得见算不清。

（3）图纸上看不见，工厂里才能看见的成本：如加工损耗。300mm×600mm的瓷砖要加工成300mm×450mm的规格，损耗率就是25%。

2. 风险成本分类

风险成本也属于工程隐形成本的范畴，细分可能有很多类，汇总分类有两类：

（1）涨价风险：人工、材料、机械涨价风险现在越来越困扰施工单位的成本控制管理过程，因为预算不出人工、材料单价会在什么时间涨价，涨多少，哪种材料涨价幅度会超过风险预期等。

（2）其他不可预见风险：如不可抗力造成的成本费用上涨。以新冠肺炎疫情期间做核酸检测耽误工时测算人工消耗量成本增加，假设施工现场有100名工人，每72h要做一次核酸检测，一次误工时间0.1工日/人（因为核酸检测也在上班时间），每个月每人至少做10次核酸检测，100名工人就要耽误100个工日，按一个工日工资400元计算，一个月仅核酸检测消耗人工费就是40000元。

隐形成本不是真的看不见，而是许多人视而不见，甚至不愿意承认有隐形成本的存在，因为承认了就要增加费用，不想增加此项费用就要用各种手段去人为掩盖隐形成本。本来隐形成本就不易为人知，加之人为因素的故意遮掩，导致许多人从事多年工程造价后发现"原来计算预留洞还要增加单独的成本"（图5-12）。

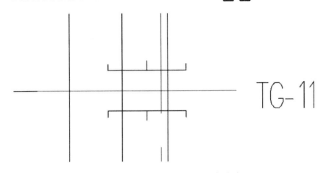

图5-12　预留洞还要单独发生成本

笔者再三劝导想从事工程造价的人员起步时要去施工单位上岗，而不要首选咨询公司，正是因为咨询公司算量、组价往往会有意或无意地省略许多隐形成本，其底层逻辑的解释为：不可见视为无。从上述隐形成本类型分析可以得出结论：这个底层逻辑完全误导新人，让他们失去了主动思维的能力。可能有人解释，在咨询公司干3年再去施工单位也可以，因为底层逻辑错误产生的影响是方向性错误，即便是3年后从咨询公司转行到施工单位，其隐形成本的意识培养和建立往往比一上岗就在施工单位的新人困难，因为一上岗就在施工单位的新人至少是一张白纸，描绘起来相对容易，而在咨询公司工作过的人是被涂鸦过的纸，重新描绘难度系数一定会增加。在他们的记忆中，断桥铝合金门窗型材测算成本＝铝锭＋加工费＋运输费＋损耗＝18元/kg，看似非常科学的成本测算公式作用为0，想要知道断桥铝合金门窗型材成本，只需要到市场咨询一下就可以，铝锭＋加工费＋运输费＋损耗这个过程中有多少道加工工序，每道加工工序的费用各是多少，这是铝合金加工厂家要测算的成本，作为工程造价人员算好自己的账就可以了。有人还会问，断桥铝合金门窗（幕墙）所用型材规格众多，单位质量不知道，解决这个问题只需买一台电子秤，把供应商送来的所有规格铝合金型材上秤统计测一个质量，之后用质量/长度就可以得出各种铝合金型材的单位质量，再把工程项目上所有断桥铝合金门窗（幕墙）所用型材各种规格的工程量按门窗外围尺寸一一计算出来后×单位质量×单价（这里强调必须用门窗外围尺寸是因为型材加工成门窗外框一定要计算最长边尺寸，而不能用中心线），就可以得出整个项目的铝合金型材成本。

看着很简单的加、减、乘、除四则运算题，真正能计算出来的没几个人，加之雇主方一个劲儿地催要工程量，连老板都不得不撸起袖子自己算量了。

38　内部结算中的"江湖"，你懂吗?

施工单位的预算员特别是驻项目部的预算员，除了预结算、投标报价外，一般还有一个重要的工作，就是按签订的合同与施工班组结算劳务工资（内部结算）。然而，在对外结算中饱受建设方、第三方咨询方折磨的预算员，在与施工班组结算中，身心也承受着同样的摧残，个中滋味就像中药铺里的揸台布。

1. 我没要到，你也别要

与建设方的总包合同措施费为建筑面积每平方米单价包干，总包合同中，外墙保温由建设方独立发包。结算时，建设方以外墙保温不是由你施工且给了总包配合费为由，不予计算外墙保温厚度所占的建筑面积。类似的还有建设方独立分包的屋面穹顶、地下室车道顶盖等（图5-13）。这些都需事前约定，如总包合同没有具体明确，最后的结果肯定是无功而返。

与建设方的结算中没要到，在与按建筑面积包干单价的架子班组结算时，也同样不予计算。理由：我没要到，你也别要。

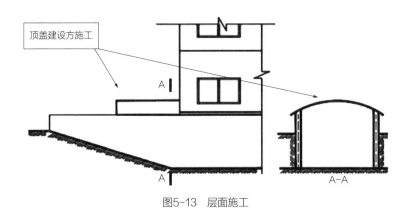

图5-13　层面施工

架子班组当然不干，理由：没有保温层、顶盖，我的活一点没少干，他们用架子我一样为他们整改服务，你结没结算到那是你的事，与我没有任何关系。你们总包在结算时吃亏了，要我们劳务方"陪葬"，难道你们大赚了也会分红于我们？必须按规范规则计算！

此类现象极多，如：砌体中门窗洞口的扣除，是按图示尺寸还是实际尺寸；内抹灰高度是否要扣除地面建筑层厚度（20mm厚保温板、50mm厚地暖保护层）等不胜枚举。

2. 模糊的规则

例如，班组的劳务合同：内墙面抹灰单价为n元/m^2。定额计算规则："内墙面抹灰面积按主墙间的图示净长尺寸乘以内墙抹灰高度计算……应扣除门窗洞口、空圈所占的面积，不扣除踢脚线、挂镜线、墙与构件交接处及0.3m^2以内的孔洞面积，洞口侧壁和顶面面积亦不增加……"

结算时，预算员按定额计算规则与班组结算，侧壁面积亦不增加。班组立马反驳："这样的毛坯房，除了进户门外，户内几乎没有内门，很多门洞都是空圈（哑口），门窗侧壁的面积占比非常大，我与工人是按实结算的，我不懂什么清单、定额计算规则，我只知道做1m^2抹灰算1m^2抹灰的工钱，更何况暗踢脚线我也没有另外计算，岂能让我贴钱给你们干活。"劳务方结算口气坚决，不容置疑。

尤其是外墙抹灰，有的省市的定额计算规则中外墙门窗的侧壁也不另计算（如贵州的2004定额），一个1800mm×1500mm的外窗，如外墙的保温层为80mm厚的FS

板，则一个窗洞口侧壁的面积大于$1m^2$ [（1.8+1.5）×2×0.16≈1.06（m^2）]。抹灰单价按最小的单价30元/m^2计算，一个窗户的人工费就≥30元，整个工程累计下来就是一笔很大的费用。真的不予计算，那是小老板与你拼命的事。

类似现象还有，如门洞口、空圈下的地面面积；结构尺寸与扩大面之争等。

3. 矛盾的上交

例如，班组的劳务合同：裙房室外通廊的平台花岗石板铺贴单价为50元/m^2，台阶为80元/m^2。

看合同的单价，显然无论是地面铺贴还是台阶铺贴，表达的意思应该都是水平投影面积，否则不会有这么大的单价差距。

然而，当计算台阶工程量时，劳务方要的却是踏步的水平投影面积＋踢步（台阶立面铺贴面积）的展开面积。一个是踏步的水平投影面积，另一个是踏步的水平投影面积＋踢步的展开面积，这可不是一点点的差异，定额台阶面层块料含量达到1.52～1.57。总包方坚持说每平方米价格差异这么大，就是考虑了踢步展开的因素，劳务方解释台阶每平方米价格差异大是考虑了铺贴的难度，最终作为争议，不得不交由公司主管解释处理。

问题上交，在对内结算中最为普遍，最多的是反映在工作内容上，一方说包括在内，另一方辩解不包括在内，这种争议在施工过程中频频出现。现场人员一般采用模糊法应付处理：先干着，不能影响进度，做好了好商量。真正到了对内结算时，得到小老板小恩惠的人退避三舍。更多的是"难得糊涂"，置身局外，于是，给不给的矛盾最终集中到预算员一个人身上。

4. 进退两难

总包在对劳务结算时普遍存在"我没要到，你也别要"的"以收定支"心理。内外有别，将被建设方扣减的绑架给班组，显然是犯了概念性错误。预算员的苦衷就在于：建设方那里没算到，班组那里却给出去，一旦给了出去，上级会责问"你自己没算到的为何要给出去"？如果你不给，上级又会说"干了这么多年预算了，你咋弄不清施工图预算与施工预算的关系"。总之，无论给与不给，都是预算员的错。

面对上级的问责，预算人员既不能抱怨决策层总包合同、劳务班组合同签得漏洞百出，让劳务班组在结算时有机可乘，也不能与上级顶嘴反驳。项目上的预算人员受到上压下顶的合力，多重的委屈，不平衡的心理，苦衷难以言表。

5. 结算中的"江湖"

这么多的争议真的是因为班组合同没有签订好吗？也不一定，一边是年年的争议，一边是年年相似的合同版本，那是为什么？

有人的地方就有江湖。其实，并非班组合同没有签订好，而是主管上级需要这样的局面。"掺沙子"是控制管理的需要，是一门管理艺术。

什么事情都由项目部预算人员处理了，那领导就无事可做了。什么事情都由项目部预算人员办妥了，班组小老板就用不着巴结公司领导了，这样的局面绝不是领导想看到的。俗话说，家庭不是法院，不是讲理的地方。处理内部结算与处理家庭事务一样，一般都没有大的原则性问题，都是很好商量的。此类规则差异的最终判定结果肯定会随小老板所愿，但拍板的绝不是项目部预算人员，当领导的意思是台阶花岗石板按展开面积80元/m^2计算的时候，作为项目部的预算人员应该呈现如释重负状，迅速将结算画上句号，并感谢领导为你解决了结算中的矛盾。

39 盘点那些能将审核人"气疯"的失真结算

结算中的荒唐之事的起因大部分还是从算量开始，下面就笔者经历过的几件结算时的荒唐之事与读者分享一下。

1. 荒唐的48头晶晶吊灯

工程刚刚交付使用，才开始竣工结算。恰逢年关将至，业主公司要举办团拜年会，要装饰一下会场，根据布置需增加几处灯光，于是请还未撤离的施工队安装。联系单大意如下：

（1）在×、×、×、×处安装4盏8头吊灯；

（2）在顶棚的×、×、×、×处安装1200头灯光；

（3）灯具由甲方提供，辅材自备；

（4）甲方认价后计入工程总价。

施工方安装预算员不在，土建预算员对安装不精，按联系单编制报价时犯了憷，4盏8头吊灯能找到定额，这1200头灯套什么定额呢？

预算员翻遍了整套电气定额，发现48头晶晶吊灯的安装最贵，于是套最贵的48头晶晶吊灯。但工程量咋算呢？灵机一动，将1200÷48正好是25盏，且没有零头。如此一套定额，瞬间造价就是数万元。半天不到，两个电工回来汇报：那里的活干完了。

预算员纳闷：数万元的活这么快就干完了？电工轻描淡写：就4盏吊灯花了点时间。还有的是串灯彩带，放到吊顶凹槽内，接个两眼插座亮了就行。共用了不到两卷的电线，加了几个开关，原来电工安装的是LED灯带，如果按1m灯带内由20个灯珠组成，1200头灯相当于60m灯带，25盏48头晶晶吊灯那是什么规格的豪华宴会厅才可以安装的灯具。

业主的预算也正好赶上一个外行，拿到报价单一看只有几行定额子目，钱也不多，就欣然认可了。

原因与思考：

（1）业主管理不规范：出联系单的是办公室，运用的也不是业内术语，几乎是地方性的口头语言，灯带的灯珠就被解读成"火"（电气光源的意思），基建处只是负责签发，也没有仔细审查，管理很不规范。

（2）时间紧，业主怕讨价还价影响施工方的情绪，影响了年会的进行，来不及过问，迅速签字，略显草率。

（3）业主的预算员是一名新入职的大学生，技术太过薄弱，不怎么懂行的新手预算员碰上外行的土建预算员，两个外行阴差阳错地把价格报完并审核完成。要是施工方安装预算员在，估计不会出现这样的笑话。

（4）双方的预算员都不知道是如何安装的，也就不知道怎么计算。在电气定额里寻找与"灯""头"有关的关键词，看到"头"字，顾名思义，都认为很正确地对上了号。

（5）业主官僚，基建上的事不应该由办公室管，部门之间脱节。办公室发了通知单，现场做好了就行，其他的事根本不知道。2460m^{2}的工程，总价中多出几万元，也看不出对单方造价的影响，有一定的天然隐蔽性。

（6）土建预算员不知道电气工艺怎么做，没有意识可以理解，但知道怎么回事后，施工方也没有主动提出纠正偏差，只是为歪打正着的行为窃喜。

2. 再用三年都用不完的珍珠岩

也是这个工程，跨度为24m，三楼顶层是一个会堂。图纸的屋面保温为100mm厚1:10水泥珍珠岩，单向找坡，找坡坡度10%。找坡层上30mm厚C20细石混凝土找平。

年底进行两算对比时，珍珠岩出现巨大量差，节约的珍珠岩数倍于实际用量，就公司现在的规模，再用三年都用不完。

老板还认为材料会计账弄错了小数点，吩咐查证。预算员告知：这是我的杰作，不必查证。

原来，工程为结构找坡，按图纸要求，珍珠岩只需铺100mm厚即可，而预算员却按10%的建筑找坡计算。算出的珍珠岩平均厚度达1.3m，找坡最厚处竟然达2.5m厚 [0.1m+24m×10%=2.5（m）]。女儿墙才1.2m高，最厚处的找坡厚度超出女儿墙高度的一倍多。然而，就这样的结算，业主审核竟然没有发现（图5-14、图5-15）。

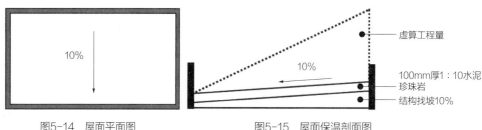

图5-14　屋面平面图　　　　　　图5-15　屋面保温剖面图

如果说"48头晶晶吊灯"是无知无意的话，那么，这种蓄意的偷量就不值得提倡。问及预算员心路，回答："大智若愚，假装忽视"。如被发现，故作惊讶状，欣然改回。赌的就是不被发现。

原因与思考：

分析其中原因，预算员道出了其中的天时、地利、人和：

（1）天时：结构早已核对完，主体结构审核后，中间停隔了一段时间才进行装修的审核，估计审核人对结构尺寸的记忆有所模糊。

（2）地利：

1）平面图10%坡度的视觉效果直观、突出，易辨识的东西最容易麻痹（图5-14）；

2）屋面简单，计算不复杂，停留时间短。越简单的东西，警惕性越差，越容易放松。

（3）人和：对方预算员是就事论事、办事认真的人，但综合技术能力一般，没有大局观，才造就了这次算量失误。

问题主要出在"人和"上，此方有备而来，知道彼方不会横、竖向比较，胸无指标数据，单纯地就事论事，没有大局观，综合技术能力差。

事实也确实如此，对方预算员也不稍微想想，为何屋面找坡是10%？建筑找坡这么大吗？显然其经验、阅历不够。如果说，平均厚度1.3m没有在意的话，那么，找坡最厚处的2.5m高是女儿墙高度的2倍多，怎么一点职业敏感性也没有呢？

3.恶意的"咸馅圆子"

在算量软件普及以前，都是手工计算工程量，手工套定额，计算器打数据。当年那种"你拿结算书来，我开始审核"，是只审不算的被动式审核法。恶意的多算现象十分突出，其中"咸馅圆子"（上海俚语，意为内外不一）为典型的恶意代表。利用常见的视角误差，颠倒数字，套定额故意写错结果，长长的工程量计算式，故意写错答案，成功率较高。如：236.65×670.8＝158744.82，故意写成236.65×670.8＝185744.82。如果被发现了，借口笔误或走眼抄错计算器；如果没被发现，就可以要到钱。

4.现象背后的思考

长期以来，此类将审核人"气疯"的失真结算频频发生，引起了建设方的强力反弹，类似于"发包人和承包人之间未能就计价达成一致的，按发包人确定的原则处理"的格式霸王条款横空出世，那些将施工方"逼疯"的审减理由层出不穷。但改换了门庭的"打营劫寨"依然存在，攻与防一直在暗中角逐。严重的内损，消耗了大量的人力、物力、财力，以至于原有的承包、结算方式几乎被颠覆，施工方沦为彻底的弱势群体。施工方想方设法偷量，审计方变本加厉扣减，这种职业陋习表面看是工程造价人员经验能力的角逐，实际是利益的驱使。

随着软件的普及，手工计算已彻底退出历史舞台，类似于找平层厚度超过女儿墙高度、"咸馅圆子"之类的现象彻底绝迹，软件算量提供的高效率对工程量偏差的修正有促进作用。

然而科技是一种手段，不是根本，根本在于人的德与技。让我们共同建设一个健康的建筑市场才是消除职业陋习的关键。

40　为什么板子只打在预算员身上？

某建设公司招聘预算员，岗位要求：有三年以上现场工作经验，熟悉预算工作所涉及的相关软件，根据施工进度开展情况，提前做好工程量、价的核算工作；具备现场收方计量的经验，对涉及增减、变更工程的计量和计价工作，以及相关资料的形成和归档工作；熟悉各班组的进度、结算办理流程；持证要求等。

笔者见过不少招聘信息，要求预算员对施工、预算样样精通，对内对外八面玲珑，待遇却低得可怜。而这则招聘信息则中肯得多，薪资待遇五位数，参照当地的市场水平，这样的薪资实属不低。细看这则招聘信息的条件要求，也不乏看出一些端倪，下面分析之。

1. 现场工作经验

与手工计算时代不同，预算员熟悉预算工作所涉及的相关软件，这是最基本的条件，已不算什么要求。

招聘的先决条件是"现场工作经验"。确实，目前年轻预算员普遍存在工地概念模糊、现场知识薄弱、重定额、缺少工地实践、预算脱离施工的通病。特别是坐在办公桌前的预算员，最基本的施工工艺都不知道的大有人在，这已成了当今很普遍的一个现象。

施工单位招聘面试时曾出过一个题目：屋面找坡有四个选项（图5-16），不考虑材差，哪一种找坡材料对施工单位最有利？为什么？

就这么一个简单的问题，近十年来，有证没证的，未有一个应聘者能够答出原理。说它简单，也很简单，只要懂得施工原理和操作工艺，就很好回答。而对于一个没有工地实践的预算员来说，则有很大的难度。可见"现场工作经验"对预算员是多么的重要。

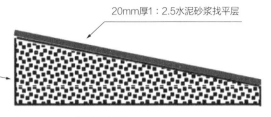

屋面找坡有四个选项：

01. 1：8水泥珍珠岩

02. 1：6水泥焦渣

03. 加气混凝土碎块

04. 轻骨料混凝土

20mm厚1：2.5水泥砂浆找平层

图5-16　屋面找坡材料选用

招聘要求："根据施工进度开展情况，提前做好工程量、价的核算工作……"平淡的几个文字，似乎没有什么特别，但仔细分析，却颇有深意：

（1）"根据施工进度开展情况，提前做好……"，提前做好就是具有前瞻性要求，工程造价人员本职的核心工作内容就是事前成本的掌控能力，要具有这项技能必须熟知现场情况，掌握动态成本的变化，与施工一线人员紧密沟通，相互补充，用团队力量做到"提前做好"的前瞻性计划。

（2）"……做好工程量、价的核算工作"。很多时候，量、价的核算不是简单地计算图纸内实物工程量、套定额，而是需要透过现象弄清事物的本质。

某工程砌块墙面的抹灰做法为：墙面清理修补后刷界面剂，8mm干拌砂浆抹灰（图5-17）。

墙面 （面层材料）	做法
涂料	混凝土墙面：　　　　　　　　砌块墙面：1. 喷白色水性耐擦洗涂料 1. 喷白色水性耐擦洗涂料　　　2. 满刮2mm厚耐水腻子 2. 满刮2mm厚耐水腻子　　　　3.8mm厚DPM15-MR砂浆打底 3.8mm厚DPM15-MR砂浆打底　　4. 刷界面剂一道 4. 刷界面剂一道　　　　　　　5. DPM15-MR砂浆勾实接缝修补墙面

图5-17　墙面干拌砂浆抹灰

粗略一看，似乎只是普通的图纸设计，但仔细分析就会发现这个设计并不平常：

（1）基层处理：为保证抹灰质量，基层处理通常做法为"墙面毛化处理"，即甩（拍）浆或用小机械喷毛（图5-18），这几乎成了全国性的"标配"做法。

甩（拍）浆（毛）

喷浆（毛）

图5-18　墙面毛化工艺

（2）墙面抹灰：砌块墙面设计的抹灰厚度只有8mm，这样的厚度在理论上是成立的。但就常规的加气混凝土砌块墙而言，由于砌体的平整度、垂直度、位移等因素，实际施工难以达到该要求。即使正面墙勉强能达到该要求，反面墙能达到该要求的可能性几乎为零（砌块本身几何尺寸的误差；场内、外运输的缺棱掉角；墙反面灰缝的饱满度等综合因素影响）。平均厚度能保证在15mm以内的施工工作墙面，都难以找到。

业主所谓"精细化管理"致使出现精致的设计工艺，表面上看预算投资的成本大幅降低。实际上施工方却面临"不得不亏"的窘境，这个工艺暴露出的问题是：脱离前道工序的客观问题存在，片面强调之后工序的精细化。一道简单的工艺早已超出算量、套定额的范畴，而是一个对施工工艺系统性掌握的话题。

首先，预算员必须了解、掌握施工方案，既然基层处理采用的是"墙面毛化处理"，此时的提量必须按实际报提水泥、胶的用量，而不是图纸的界面剂。

其次，了解、掌握工地水平（管理水平、主体质量水平），联合施工、技术部门，评估出抹灰的平均厚度，方能计算出较为正确的砂浆用量。这不仅需要具备一定的施工技术和现场经验，而且需要预算与施工的结合，互通有无，团队配合。如中规中矩按图纸报工艺提计划，则预算会出现严重的偏误。

对于施工单位来说，预算员是否具有现场经验，确实有着质的不同。对照招聘信息的其他要求，施工单位重视强调预算员的"现场工作经验"确实非常正确。

2. 招聘与企业文化

看整个招聘要求，确实是一名工地预算员应该具备的，正像一位网友所说的那样：这个要求不算高。然仔细分析，不免看出一些令人思考的问题，即：全是对个人的要求，忽视了整体团队合作之间的沟通协调要求。

这么多的工作，这么多的责任，在没有前提的情况下，一个普通的预算员是很难做到的，能做到的就不是一般的预算员了。类似于前面说的提量一样，没有其他部门的协作，预算员很难做到、做好、做准。

尤其是"对涉及增减、变更工程的计量和计价工作，以及相关资料的形成和归档工作"，涉及的部门、人员很多，需施工、技术、资料、预算部门的协作配合，成本管理是全员的成本管理，成本管理是一个系统工程，不仅需要各部门、全岗位人员各司其职，更需无缝衔接。结算资料不同于技术资料，技术资料作为佐证资料只是结算资料的一个组成部分，预算岗位指挥不了其他部门的人，如没有公司、项目部统筹管理，很容易脱节。比如常见的签证，办签证犹如爬山，费工费力更费心，极其累人，很多建设方的签证程序、流程要求实在离谱：监理工程师、总监理工程师代表、总监理工程师、主管工程师（对于桩基，还有地勘工程师、地勘负责人）、项目经理、工程部经理、综合管理部、主管工程领导、预算部、招标办、审计部等，很多单位需要有上述一半以上的人的签字认可，一路走来恰似过五关斩六将，行程二万五千里。其中的退回、修改、再退回、再修改等一系列程序，使预算员身心备受摧残、尊严受损，工地上许多预算员心态因此都发生了改变，就拿这么点死工资，天天做这样的事值不值得。于是，签证谁发现、谁起草、谁去签字办理、资料谁来整理等，你推我辞，职责不明，责权又不等，最后的板子打在预算员身上是经常发生的事情。

3. 结论

现在的施工项目竣工结算工作早已不是一个人、一个部门的事。有学者曾说过：创新与动力源于两个东西，一个是务实的态度，另一个是基层团队。

所以，最重要的在于上层的建设，其次是敬业精神与人的技能，所谓责任胜于能力。其实，很多事情没有那么难，是被人们想象得难了和人为添加了各种阻力。如果管理到位，责任划分明确，又相互交叉融合，知人善任，上面有责任感强的领头人和责任人，下面有好的执行者，工作就不再难了。如何解决就看老板们了。而这则招聘信息唯一的不足就在于只强调了个人能力的要求，没有体现出公司与团队。

说了如此一番的长篇大论，读者可能没有想到一个问题，怎么一个字都没有提及"证书"的作用，证书是现在工程造价行业一个最热门的话题，这个话题在人群中一旦抛出，从业人员为此趋之若鹜如同动物争抢食物的场景。文中大篇幅提到的是责任、担当、付出等，没有说到证书的重要性是因为证书的价值＝责任×分数，说分数的言论处处都在，而谈责任的教诲却很难博得眼球，文中长篇论述了工程造价人员的责任意识，相信读者应该理解，将来不想被竞争所淘汰，在分数与责任之间达到双增长，才可以使自身获得最大的价值。

41 西瓦施工工艺

1.异曲同工的热点

要说当前建筑行业的热点，非数字化、精细化管理、成本管控莫属，主要有：

（1）数字管理：前期估得准、以终为始、融合一线场景、体验一体化、打造活数据。

（2）大商务管理（以下简称"大商务"）：突出市场竞争，研究项目特点及其他客观因素；突出价值创造，研究项目价值、成本与功能的内在关系；突出目标责任，各部门协同联动，综合管理创效；突出风险防控，中间深入提质、分解细化，从不同维度预判评估。

（3）三位一体：施工、预算、成本（数据指标）"三位一体"。

"大商务"全面、高端、上层；"数字管理"相对具体；"三位一体"侧重落地。虽然叫法不同，但有很多异曲同工之处。

2.造价人员与基础

"大商务"的核心是"商务"两个字，商务经理是主抓手，主导各部门的协同联动，进行商务策划，重视标前成本的测算，从而"前期估得准"。它不只是理论概念，落实须建立在扎实的基础上，否则等同于纸上谈兵。究其实质，就是施工、预算、成本"三位一体"。

目前的年轻预算员，工地概念模糊、现场知识薄弱、预算脱离施工的现象比较突出，普遍基础不扎实，最基本的施工工艺没怎么掌握的大有人在，被人诟病。从"大商务"中商务人员"必须先到工程技术部门锻炼……"这段话中看出（图5-19），高层已经注意到基础培养的重要性，从侧面证实了笔者的观点，使笔者这种传统师传出身的预算员很是感慨。

> ~~～～～～～～～～～～～～～～～～～～～～～～～～~~ **二是抓实商务人才这个基础。** 商务工作是施工技术和工程经济的双重结合体，要严把商务人才"入门"标准，进入商务系统工作前必须至少有一个项目的工程技术从业经历，以此作为商务人员从业前置条件。即使是工程造价专业毕业的新入职人员，也必须先到工程技术部门锻炼，具备条件后才能从事商务工作。

图5-19　人才储备

3. 工序工艺——造价人员基础的基础

笔者应邀去某大型施工企业做"施工、预算、成本'三位一体'"的讲座，在讲"英瓦、西瓦屋面"章节时，授课前按主办方的要求，笔者出了若干个基础摸底题，在公司施工过、本身经历过的前提下，几十个造价人员的反馈结果令人失望。

摸底题一： 除了主瓦，图5-20中缺了什么必用的配瓦？

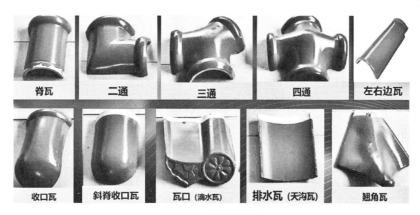

图5-20　西瓦的种类

答案：盾瓦（挡板瓦）。

摸底题二: 图5-21中①号、②号瓦,哪一只是正盾瓦、哪一只是斜盾瓦? 分别用在屋面的什么地方?

图5-21 正盾瓦、斜盾瓦

答案:①号瓦为斜盾瓦,用于斜屋脊;②号瓦为正盾瓦,用于正脊。

摸底题三: 图5-22中③号瓦用在这种屋面的什么部位? 这种屋面什么情况下用得上?

图5-22 ③号瓦使用部位

答案:边瓦(博风瓦),用不着。有老虎窗的情况下用得上(图5-23)。

图5-23 博风瓦使用部位

摸底题四：该形式的屋面（图5-24），影响其成本的因素有哪些？

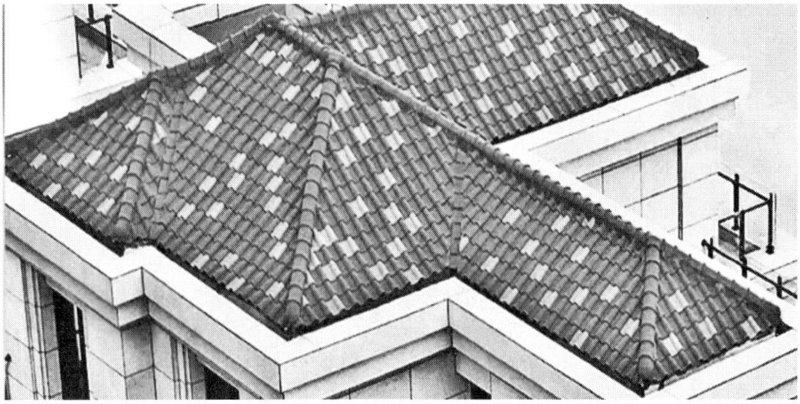

图5-24　瓦屋顶的工艺

答案：该屋面为四坡五脊屋面（多脊），其特点为平面多边、脊多、屋脊标高多。影响其成本的因素主要有：

（1）屋面的边越多、屋脊的标高越多，屋脊就越多。屋脊多，盾瓦用量多；斜脊多，主瓦切割量多，瓦的损耗大，工料成本大。

（2）屋面平面的边越多，斜天沟越多。斜天沟多，排水瓦用量多、主瓦切割量多，瓦的损耗大，工料成本大。

（3）对于四坡五脊隔热屋面，没有博风，只有檐口。檐口又没有观感要求，不用滴水瓦、翘角瓦，工料成本小。

上述问题，尤其是摸底题一～摸底题三，是普通的基础常识，对于一个"在公司施工过、本身经历过"的造价人员来说，根本不算什么问题，是必须熟懂的，否则如何报得准材料计划？如何保证不漏项、漏量？如何做成本？如果没有扎实的施工基础，说难还真的很难。摸底题四属于综合性应用题，也算不上什么问题。回答多少，取决于造价人员对基础知识的掌握程度。

4. 发现矛盾，源于基础

某省的2020定额，瓦屋面共有A8-1～A8-7七个子目，其中A8-3为"西瓦"子目（图5-25）。

工程量计算规则

一、屋面工程

1、各种屋面和型材屋面（包括挑檐部分）按设计图示尺寸以面积计算（斜屋面按斜面面积计算）

2、屋脊线按设计图示尺寸扣除屋脊头水平长度计算；斜沟、檐口滴水线、滴水、泛水、钢丝网封沿板等按设计图纸尺寸以延长米长度计算。

一、屋面工程			
1、瓦屋面			
工作内容：1.调制砂浆、运瓦、盖瓦、盖脊、抹梢头。			
2.调制砂浆，铺瓦，修界瓦边，安脊瓦，檐口梢头坐灰，固定，清扫瓦面			
3. ▓▓▓▓▓▓▓▓▓▓▓▓▓▓▓▓▓▓▓▓▓▓▓▓			
编 号	A8-1	A8-2	A8-3	A8-3
项 目 **某省2020定额**	黏土瓦	彩色水泥瓦	西班牙瓦	瓷质波纹瓦
	屋面板上或椽子挂瓦条上铺设	屋面板上或椽子挂瓦条上铺设		

图5-25 瓦屋面定额

一般省市的定额，瓦屋面都有相关的屋脊子目，但该定额却没有，且定额的章节说明、附注等也没有相关的说明。

看定额瓦屋面的工作内容：铺瓦、修界瓦边、安脊瓦、檐口梢头坐灰、固定等工序，似乎可理解为屋脊等已包括在该子目中，但定额的含量除了主瓦却没有其他配瓦含量（图5-26）。再看计算规则的"2. 屋脊线按设计图示尺寸扣除屋脊头水平长度计算"，明确了屋脊是另外计算的，但定额却没有相关的子目，成为一对矛盾（当然，有新的补充定额或定额解释者除外）。

图纸、定额都能看懂，深刻理解却是另一回事，并不容易。之所以能一眼看出，来自于对工艺的透彻理解，源于扎实的基础。什么地方用什么瓦、活是怎么干的、定额包括哪些内容，两者一比即知。反之，知其然而不知其所以然，只能对着定额望文生义。如此，"大商务"的"中间深入提质"就成了一句空话。

因为计算规则的"屋脊线按设计图示尺寸扣除屋脊头水平长度计算"，所以才出了这种形式的摸底题，目的就是让预算员懂得什么是基础，如此才能正确计算工程量。尽管工程量很小，对造价的影响可以忽略不计，但细微之处见功底。别人核扣你，你却茫然不能应对，扣钱事小，底牌被看事大。于是，审核人得寸进尺可以进一步扣减不应该扣减的内容。由此可见，扎实的基础对预算员是多么的重要。所以"大商务"的"必须先到工程技术部门锻炼"极其正确，也极有必要。

编　号			A8-1	A8-2	A8-3	A8-4
项　目　某省定额			黏土瓦	彩色水泥瓦	西班牙瓦	瓷质波纹瓦
			屋面板上或椽子挂瓦条上铺设	屋面板上或椽子挂瓦条上铺设		搭接式
名称	单位	单价	数量			
黏土瓦	千块	627.41	1.670	—	—	—
黏土脊瓦	千块	1490.83	0.030	—	—	—
英红主瓦420×332	块	5.52	—	1068.000	—	—
西班牙瓦3120×310	块	1.73	—	—	1576.450	—
瓷质波纹瓦20cm×20cm	千块	1167.95	—	—	—	2.956
预拌干混地面砂浆DS M15.0	m³	589.52	0.110	2.563	3.075	2.880
镀锌铁丝 φ1.2	kg	5.35	—	—	14.400	—
扣钉	kg	11.68	—	—	0.900	—
石料切割锯片	片	35.4	—	—	—	1340
水	t	4.39	—	—	—	2.600
其他材料费	元	1.00	34.721	222.189	138.827	156.274

图5-26　瓦屋面定额子目

5. "前期估得准"与基础

这样的基础摸底，还有其更深的目的：预控预防和"前期估得准"。

当下市场上惯用的套路是：主瓦的价格便宜，配瓦的价格却很高（有时高得离谱），完全不成比例。故必须精确，而不是一套定额含量了之，否则做出来的根本不叫"成本"。

这样的四坡屋面，斜脊多、天沟多、阴阳的三角区多，三角区的不规则瓦多，而不规则的三角瓦均由整瓦切割而成，切下的报废无用，故报提计划需按整瓦计算。尤其是摸底题中的配瓦，应按瓦的规格进行排列翻样，方能精确（图5-27）。

这种屋面虽常见，却不常有，且不同的工程用的是不同厂家的产品，尤其是瓦的颜色，有四十种之多，差异极大，几乎不可能二次再利用。因虚高的配瓦价格，报多了会造成很大的浪费，报少了影响施工。更有的是甲供瓦，一旦少报、漏报或施工损耗超常规，除了扣除超领的费用外，有的还规定超过计划数的一定比例要处一定的罚款，增大亏损额度。

正盾

切短的斜脊

斜盾

切短的主瓦

图5-27　瓦屋面工艺

6.结论

"大商务"体系是"全员、全方位、全要素、全过程、全产业链"五全的商务管理（矩阵图），是一个系统工程，非吾之所能妄加评论。"弱水三千只取一瓢"，笔者所说的只是其中"基础话题"中的某个小小的点中点。

有人曾探讨对当前造价人员现状的看法，笔者的回答很简单：读书多、学历高，钢多"气"少，不缺的是你与他讲道理，缺的是基础这个"底气"。还是那句话：以始为终也好，"大商务"的从事物的底层、本质出发、中间深入提质也罢，都必须建立在扎实的基础上。

42　新人进阶之路

在任何工作岗位，遇到问题和挫折并不一定都会产生负面影响，实际上许多问题解决好了就是翻盘、晋升的良机。某个案例中老板要求一个工程造价的新人完成下列工作内容：把图5-28～图5-30中的费用转化成财政预算的格式。

分析三个表中的措施费用，将其分类大致为：

（1）临设费：图5-28中的临时电箱、电缆、水管等，还有图5-29中的场地路面硬化、围挡搭设、临建（门卫、大门、办公用房、卫生间等）搭设。

（2）环境保护费：图5-29中的土工布覆盖和图5-30中的洒水车降尘等，裸土覆盖是规范要求，但常规都用绿网覆盖，土工布是防水材料，可能是古墓处土方土壤要保持干燥的要求。

（3）零用工：零用工在其他项目清单的计日工中体现，因为是不确定的人工消耗，故不属于措施费范围。

（4）图5-30中的宽带入网费应该属于企业管理费范畴，不在措施费中体现。

（5）特殊措施费：图5-28中古墓临边围护费用就属于这类需要单独列示的费用。

看着三张表像被子一样长，转换格式时理不出头绪，实际将其一一归类，立刻就清晰明了，如果按定额费率的安全文明施工费取费达不到表中的费用金额怎么办？可以单独列示特殊措施费用，如材料移位费用等。

从三张表的组价项目来分析，这并不是工程项目的整体措施费用。财政类型的投资项目，所有组价要求套用定额，电缆敷设、配电箱安装可以借用安装定额套用；土工布覆盖也可以套用防水定额相关子目；类似宽带入网费就是服务采购，拉线、安装设备、入网调试的工作由提供宽带的公司完成，承包方接受的只是一件服务成品，要套定额也是自行组价输入一个设备单价4000元（因为许多地区设备价不取费）；洒水车就是一个台班费，自行组价输入洒水车台班费即可。

28	13	古墓临边围护	φ48×3.2；立柱间距2000mm×高1200mm，满挂密目网	m	260	35.00	9100
29	四	临水临电					110650
30	1	一级箱	配电箱、砖砌基础及抹灰刷警示漆、40×40方钢焊接防护棚	套	1	8500.00	8500
31	2	二级箱	配电箱、砖砌基础及抹灰刷警示漆、40×40方钢焊接防护棚	套	1	6000.00	6000
32	3	三级箱	配电箱、砖砌基础及抹灰刷警示漆、40×40方钢焊接防护棚	套	1	1500.00	1500
33	4	一级配线	YJLV22-4×300+1×150mm²	m	30	120.00	3600
34	5	二级配线	YJLV22-4×150+1×70mm²	m	70	65.00	4550
35	6	生活区临电电缆敷设、顶管、互感器及电度表安装	YJLV22-4×300+1×150mm²，含施工、互感器、电度表	项	1	74000.00	74000
36	7	预缴电费	交供电局	项	1	7500.00	7500
37	8	临水安装	临时用水PE50管敷设、阀门安装等	项	1	5000.00	5000

图5-28　临水临电费用表

13	2	钢筋场地平整碾压	1. 20t滚轮式压路机碾压5遍; 2. 压实系数0.97	m²	1347	3.50	4715	
14	3	场内土工布覆盖	1. 90g土工布,搭接处300mm; 2. 人工覆盖	m²	1550U	1.80	27900	
15	三	**临建房及围挡补充**					225663	
16	1	填方	1. 场内取土平均填土厚度2000mm; 2. 80型装载机+50型装载机配合填土、平整	m³	1003	10.00	10030	
17	2	平整碾压	1. 20t滚轮式压路机碾压5遍; 2. 压实系数0.97	m²	501.5	3.50	1755	
18	3	级配碎石垫层	1. 100mm厚30mm级配碎石; 2. 20t滚轮式压路机碾压2遍	m²	501.5	30.00	15045	
19	4	100mm厚混凝土垫层	1. 原土夯实; 2. 100mm厚C20商品混凝土浇筑	m²	501.5	85.00	42628	
20	5	彩钢房制作安装(办公室、厕所、门卫房)	1. 屋面板:50mm厚岩棉板,钢板厚度:上0.27mm,下0.17mm,岩棉密度:50kg/m³(误差+2mm); 2. 外墙板:50mm厚岩棉板,钢板厚度:双面0.17mm,岩棉密度:50kg/m³(误差+2mm); 3. 内墙板:50mm厚岩棉板,钢板厚度:双面0.17mm,岩棉密度:50kg/m³(误差+2mm); 4. 门窗:彩钢防盗门、彩钢防盗窗; 5. 吊顶:石膏板吊顶; 6. 800×800地面砖铺贴	m²	295.5	300.00	88650	
21	6	大门制作安装	1. 门框80×80镀锌方钢刷防锈漆二遍外包4mm彩钢铁皮,门扇60×40镀锌方钢刷防锈漆二遍双面包4mm彩钢铁皮; 2. 地轮4个	项	1	20000.00	20000	
22	7	拆除原有围挡	C30混凝土支墩1000×1000、60×80镀锌方钢龙骨:包4mm彩钢铁皮,H=3000mm	m	20	250.00	5000	
23	8	新增围挡	C30混凝土支墩1000×1000、60×80镀锌方钢龙骨:包4mm彩钢铁皮,H=3000mm	m	12	850.00	10200	
24	9	新增污水管道	∮400HDPE双壁波纹管、沟槽开挖、回填夯实	m	12	140.00	1680	
25	10	新增砖砌污水井	∮1500mm×深2000mm、混凝土盖板	座	1	3200.00	3200	

图5-29 其他临建设施

41	六	**零星工程**					36800	
42	1	宽带入网	1000MB光纤接入口、缴纳使用费	项	1	4000.00	4000	
43	2	洒水车	购置1.2m³电动洒水雾炮车、48V/45A	台	1	7700.00	7700	
44	3	零工(技工)	施工现场安全文明、施工道路清扫、垃圾清理等	工日	55	260.00	14300	
45	4	零工(普工)			60	180.00	10800	
46	七	**合计**					649773	
47	八	**管理费8%**					51982	
48	九	**不含税价**					701755	
49	十	**税金9%**					63158	
50	十一	**含税总价**					764913	

图5-30 零星用工

43　有没有投标报价为负数的项目？

投标报价为负数，有人可能猜测是投标失误或报价错误造成的，这类投标确实属于个例，但现实中投标报价为负数的案例真实存在。624万元招标控制价项目招标，一家公司倒贴3800万元中标，这个项目的名称是"重庆市长安三工厂片区城市更新（一期）拆除工程项目"。该项目因为拆除后废料由施工方自行处置，投标人把宝押在了废钢铁回收价值上。

在此不探讨项目的最终成败细节，首先对读者提一个问题：这样的项目投标报价应该如何列式？投标报价理论公式为：投标报价＝招标清单拆除项目按市场价组价后的金额－废钢铁回收价值。如果工程量清单报价600万元－x＝－3800万元，则投标方期望的废钢铁回收价值（x）至少要＞4400万元。这4400万元负债报价时应该在何处列项，既可以将总造价调整为－3800万元，又可以在结算时合理合法地向发包方倒找3800万元拆除费用，这个负值的输入点要非常精确。

招标文件绝对不会发出一个标的为负值的要约邀请（对于这种负值标的，招标平台也不会接受），但投标方选择什么样的投标方案是投标方自主报价的权利，如果感觉有利可图完全可以报负值以获得中标机会。但投标报价报负值也有技巧（或是说理论依据），随意凑数的行为最终结算时可能会自食苦果。下面用排除法来选择最佳的报负值方案：

分部分项工程量清单中报负值项目：因为分部分项工程量清单不允许投标方自行新增和改动项目内容，在招标工程量清单项目的数量栏内，招标方一般不会列负数的工程量，投标人也不能随意在招标清单工程量前添加负号，清单项目想做成负值，只能在分部分项工程量清单综合单价中填报负值，但这种操作是错误的。

理论依据：清单项目综合单价低于成本都会被看作废标，综合单价报负值更是给废标提供了充足的证据，如图5-31所示。

在分部分项工程量清单中不允许报负值项目，但投标人可以任意增添措施项目，在措施项目清单中报负值项目是否可行？案例的项目名称是"废钢铁回收价值"，不属于工程措施费范畴，显然这个名称出现在措施费清单中不伦不类。规费清单和税金清单中更是不可能出现这类费用名称。

按排除法确定"废钢铁回收价值"的单选项目只能在"其他项目清单"中体现。

序号	项目编码	项目名称及项目特征描述	单位	工程量	综合单价(元)	综合单价(元)					
						人工费	材料费	机械费	管理费	利润	其中:暂估价
110	040202011001	100mm厚碎石垫层	m²	1356.71	26.32	1.85	17.95	4.25	1.58	0.69	
	C2-0019换	碎石(砾石)摊铺 厚15cm(实际厚度10cm)	100m²	13.5671	2631.72	185.21	1794.58	424.73	158.22	68.98	
111	040203007001	场地硬化混凝土面层 1.130mm 厚C30混凝土 2.每6m×6m场地块划缝15mm宽,内填沥青;所有硬化场地随打随光、刻纹	m²	842.00	79.05	11.12	61.83	1.43	3.25	1.42	
	C2-0120换	水泥混凝土路面 厚度15cm[碎石 GD40 中砂水泥 32.5 C30]	100m²	8.4200	7468.50	499.50	6713.47	50.61	142.70	62.22	
	C2-0126换	水泥混凝土路面 厚度每增1cm[碎石 GD40 中砂水泥 32.5 C30]	100m²	8.4200	-939.86	-14.56	-694.08	-18.80	-6.65	-3.77	

图5-31　综合单价构成中某工序报价为负值

其他项目清单有多个子项，如暂列金额、专业工程暂估价、总承包服务费、计日工等，"废钢铁回收价值"应该计入其他项目清单哪个子项中？

首先要明确"废钢铁回收价值"这个金额的性质是总价包干，也就是说不管案例中拆除的废料最终价值如何，都不可能调整投标报价金额。包干价格性质的费用是不可能计入暂列金额、专业工程暂估价、总承包服务费、计日工等带有暂估类项目性质的子项中。这个案例实战操作又用到了第二个排除法确定正确的操作程序。

"废钢铁回收价值"项目只能在其他项目清单中单独列项计入类似"独立费"性质的项目中，带有"独立费"性质的费用的最大特点是：第一，不会在结算时调整费用金额；第二，不受任何审计因素的干扰（也就是合同计取多少钱，支付多少钱，金额不需要在结算阶段进行工程审核）。"独立费"性质的项目同行并不陌生，如"招标代理费""设计费"等由招标文件约定由中标方支付的常用二类费用就是在此项目中列项体现，"废钢铁回收价值"项目理论依据同理，操作时一定是在工程量栏添加"－"，而不能在单价栏输入－4400万元（含税价），操作见图5-32、图5-33（注：数学模型不需要验算）。

投标人报负值并成功中标后，结算后发包人如何支付"负值"的拆除费用？

工程结算金额为负值，发包方如何支付？假如案例最终结算金额为－3800万元，发包方应该收取承包方3800万元的结算款差额，理论依据：承包方作为商品的销售方本应该获取销售带来的资金回报，但是在此案例销售过程中销售与采购出现了主体反转，承包方摇身一变在拆除后期成为采购方（在投标时数量栏添加负号，表示承包方

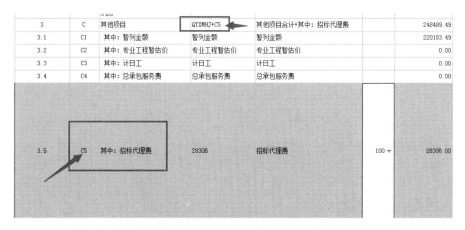

图5-32　负值报价填报方法示例

图5-33　在取费表中设置其他项目清单（独立费性质）的增加项的方法

采购了发包方4400万元的废旧物资），因此在这笔交易中，承包方虽然获得了600万元的拆除销售额（或者说是服务费），但相比采购金额却收不抵支，因此出现了结算金额为负值。本来作为劳动力商品采购的主体（发包方）却意外获得了4400万元的废旧物资销售收入。

　　不管交易角色如何转换，税金是绕不过去的话题，承包、发包双方在此案例交易中应该如何承担税金？发包方收取承包方结算款后如何开具发票？此案例不管投标环节如何报价，合同阶段只签订一份拆除合同是错误的，正确的方法是签订2份合同，第一份合同是正常的《项目拆除合同》，金额显示除其他项目清单子目中"废钢铁回收价值"的金额后的正常项目报价金额。第二份合同是《废钢铁回收采购合同》，这份合同中甲、乙方的主体位置应该发生转换。《项目拆除合同》结算后发包方按合同条款正常支付费用并收取承包方的工程款发票。《废钢铁回收采购合同》属于材料的买卖行为，性质不同于工程发承包，因此发包方收到4400万元材料销售款后要开具

13%的材料销售发票。

　　一个负值报价实际体现的是综合工程造价理论体系，从投标报价到工程竣工结算直至开票付款等，一系列操作基本都是单选题，如果过程中做错了，事后可能会遇到各种各样的争议。

第**6**章　工程造价知识误区

44　被歪曲的总价合同

在《建设工程工程量清单计价规范》GB 50500—2013及《房屋建筑与装饰工程工程量计算规范》GB 50854—2013术语章节对总价合同做了明确定义（发承包双方约定以施工图及其预算和有关条件进行合同价格计算、调整和确认的建设工程施工合同）。

实际合同操作过程中合同起草人往往愿意对总价合同进行概念深化设计，变成"总价包干合同"。对结算形式的定义是合同双方当事人的权利，采用官方提供的概念或自行发明的概念都可以，关键是自行发明的概念要让合同双方当事人都能明确理解。这里说明一下：如果建设工程施工合同条款出现争议，解释权在承包方。发包方是合同的起草方，如果合同条款含糊其辞，执行中怎么理解就要由承包方说了算，任意发明一些自己理解的合同条款用词对发包方并没有什么好处，搞不好会搬起石头砸自己的脚。

想签订"总价包干合同"，不要在字面上做文字游戏的文章，而是在范围内约定好总价包干的区域和范围，并且将此区域和范围在合同条款中明确说明。如合同中的条款约定：结算原则为"采用总价包干合同形式的，工程变更或工程量偏差价款占合同总价款3%及以内的总价不予调整，超过±3%的，超过部分按实计列。"

这个案例明确的问题：

（1）总价包干合同是否可以在结算中调整清单工程量或人、材、机单价？答案：可以。如果没有合同条款中±3%的合同总价偏差约定，即使招标方提供的清单工程量出现±1%的偏差也要在结算中调整清单工程量。

（2）工程变更受不受±3%的合同总价偏差约定限制？答案：工程变更不受±3%的工程量偏差或合同总价偏差约定限制，即使变更数量是"1"，单价很低也要据实结算。现实中几亿元合同金额项目出现几十元的变更项目是常有的事情，这体现的是一种管理逻辑，并不是钱多钱少的事情，如果不在工程变更中体现低价变更项目，将来施工方项目经理面对企业内部审核人员"是否将工程材料挪做家用"质疑时如何回复。

（3）超过±3%的，超过部分如何按实计列？这条合同条款中的±3%与材料调整价差时±5%的风险系数性质相同，如1000万元合同金额项目±30万元以内的偏差（招标工程量清单数量与实际施工数量的量差）费用不予调整，超过±30万元的部分才做偏差调整。

（4）如果项目合同金额为1000万元，单位工程由10个清单项目组成，每个清单项目合同金额平均为100万元，所谓偏差是每个清单项目偏差不超±30万元，还是10个清单项目合计偏差不超±30万元？答案：10个清单项目合计偏差不超±30万元。如果按单个清单项目计算，每个清单项目偏差29万元都不做调整，10个清单项目合计偏差290万元不做调整对于合同任何一方都无法承受。

（5）工程变更或工程量偏差价款占合同总价款3%及以内的总价不予调整对哪一方有好处？合同条款对任何一方都是公平的才是商业交易的准则，如果仔细讨论这个问题"对哪一方有好处"，将来合同条款中会出现更多的霸王条款、有失公平的条款等现象。在此只能解释如果编制招标工程量清单时间仓促导致清单工程量可能出现偏差，将来为了在结算期间减少争议，制定一个风险系数可以理解，但如果是招标人故意制造偏差，用合同条款来转嫁风险，承包方受损失的概率将会增加。在投标阶段，无论时间多么紧张，对招标工程量清单的核查都是不能省略的程序，同时投标人对成本的预测水平也是确保项目不赔钱的管理能力之一。

最后回复审核方提出的疑问：

（1）该项目无变更、无洽商、无任何签证，实施过程无延期，合同包干总价金额为6050528.15元，结算书送审金额为6050528.15元，根据实际工程量计算审核金额为5484761.26元。最终审核金额应该是多少？根据合同条款约定，如果承包方对审核工程量没有异议，最终审核金额＝5484761.26＋6050528.15×3%（风险系数不能扣除，要返还给承包方）＝5666277.10（元）。

（2）该项目有全过程项目管理方，结算定案表是否给全过程项目管理方留出签字、盖章的地方？工程施工合同当事人双方（发包方和承包方）加上工程咨询审核方在结算定案表上签字完全符合法律程序，全过程项目管理方性质类似于工程咨询审核方，并不是施工合同的当事人，对结算审核也没有什么主张的权利，更不存在任何利益关系，全过程项目管理方在结算定案表上签字、盖章只是一个形式。

45　变幻莫测的魔方材料

笔者曾看到一个关于甲供材的问题，觉得挺有意思，与读者一起分享一下。

同一个项目上的同一种材料，甲供材数量占比30%，乙供材数量占比70%，这个问题虽然不属于常态化问题，但暴露出的知识点误区却非常多。提问者给出的已知条件很少，回复这个问题要用思维导图的方式进行假设分解：

假设一：招标文件规定了材料甲供、乙供比例（如直径500mm波纹管甲供60m，剩下为乙供，清单项目工程量200m）。这种情况在编制工程量清单时，甲供材的60m清单项目与乙供材的140m清单项目应该分别列项计价（理论依据：同一个项目中同样的清单项目综合单价彼此独立，有相对的独立性，因此两个清单项目的综合单价可以不一致，只要在项目特征中注明甲供材与乙供材这一特殊标记就可以）。

有些人可能质疑，这种模式在实际工程中可能出现吗？答案是完全可能出现。例如，甲方库房中正好有10根（6m/根）直径500mm波纹管，这10根波纹管可能是其他项目剩下的，也可能是抵债获得的，不管其取得的途径如何，现在甲方趁厂区内排水系统改造，想把这10根波纹管用上，但60m长的波纹管不够整个项目使用，剩下的波纹管则由乙方供应。这种操作招标文件可能出现2种条款：

（1）甲供材金额不计入工程总价：这种情况下甲供直径500mm波纹管的单价为0，但60m长是清单工程量，在实际施工过程中材料会有损耗，组价套定额时即使定额含量有2%的损耗系数，但这个损耗系数反映不到项目成本中，现实中领用甲方直径500mm波纹管又不可能领用61.2m，因此在组价时可以将定额含量中的"1"改写为"0"，而将0.02的损耗保留，输入直径500mm波纹管的乙供（除税）材料单价（假如投标方是一般纳税人），如80元/m，这样甲供直径500mm波纹管清单综合单价中的直接费部分包括人工费、辅助材料费、主材损耗费、机械（机具）费。

（2）甲供材金额计入工程总价：假如10根直径500mm波纹管是由抵债获得，每根600元（含税），甲方财务大概率会将此项波纹管材料费计入工程总价，因为甲方财务账上的10根直径500mm波纹管不管是以材料形式还是以成品形式挂在财务账上，而实物却已经出库不见踪影，会产生账实不符情况，对财务而言这种情况就是一个错误。因为材料（或商品）用于本单位工程，就如实做销账处理，将10根直径500mm波纹管价格计入工程总价，将来无论项目结转是按转固定资产处理还是计入项目大修理款都是真实的数据。

本项目10根直径500mm波纹管甲供材价格计入工程总价的操作程序：

（1）以含税价计价：之前假设了投标人是一般纳税人，为什么10根直径500mm波纹管甲供材要用含税价计价，这是因为波纹管是甲方自用，并不会再次进入流通领域，甲方就是此材料的最终消费者，增值税进项税额已经变为成本计入材料单价中，此材料的甲供材单价是100元/m，甲方如果想单独反映材料保管费，可以用100/（1－材料保管费率），本次投标报价模型公式先暂时忽略单独反映的材料保管费。

（2）投标方组价时，甲供材直径500mm波纹管清单项目主材用量及损耗单价按100元/m计价，如果乙供材直径500mm波纹管材料单价为80元/m（除税价），乙供材500mm波纹管清单项目主材用量及损耗单价按80元/m计价。

（3）竣工结算时，税后退还甲供材金额。有些人说甲供材含税价计价会导致重复计税，投标时材料单价按100元/m计价，退还时同样是按实际领用量（60m）×甲供材结算单价［100元/m×（1－材料保管费率）］，本项目这种情况也不可能出现材料价差。

通过这一系列程序操作，甲方账户上的10根直径500mm波纹管顺理成章地进入工程项目中，从法律程序上完成了自用的功能。有人会说甲供材不是应该税前扣除吗？甲供材如果税前扣除了，甲方账户上的10根直径500mm波纹管怎么会从甲方账户上合法消减。

假设二：接上一个项目，如果招标文件规定直径500mm波纹管由乙方供应，投标报价时按市场价80元/m（除税价）填报，施工过程中乙方采购了第一批140m直径500mm波纹管，但当准备采购下一批直径500mm波纹管时，市场价格剧烈波动，直径500mm波纹管单价已经上涨到100元/m（除税价），乙方对此材料价格要求甲方予以价格补贴（也就是要求结算时甲方补偿材料价差）。甲方为了保证工期顺利进行，直接从市场上以113元/m（100元材料费＋13元增值税进项税额）采购了60m直径500mm波纹管交由乙方施工，并且约定此材料结算时以甲供材程序操作。乙供材改为甲供材之后的操作程序：

（1）认价程序：甲供材认价不需要同乙方协商，直接以一纸通知形式告知乙方，直径500mm波纹管单价调整为113元/m，数量60m。

（2）领用手续：领用甲供材就需要建立专门的材料台账，甲乙双方甲供材台账上都要显示领用数量60m。

（3）竣工结算：

1）计算直径500mm波纹管甲供材价差：（113－80）×60＝1980（元）。这1980元材料价差是给乙方的结算金额之一，乙供材改为甲供材的材料基价就是乙方合同中（或投标报价）的单价80元/m，虽然80元/m是除税价，但因为材料在实施过程中由乙供变成甲供，性质发生了变化，所以80元/m是否含税或除税都不重要，关键是发生期的113元/m需要用含税价计价。

2）退还甲供材金额：60×113×（1－材料保管费率）。

甲供材退还的2个原则：

（1）结算单价是多少，退还单价就是结算单价×（1－材料保管费率）；

（2）实际领用多少，结算数量就以实际领用量为准。

有人会说甲供材不是应该税前扣除吗？针对这一问题笔者会有几个反问：

（1）甲供材税前扣除了，实际领用量从何而来，实际领用量如果超过了预算材料量如何扣除。

（2）甲供材税前扣除了，之后甲供材材料涨价，甲方财务如何处理。

（3）如假设二的情况出现，合同签订后材料性质发生了变化，怎么能事先预知是否从税前扣除。

最后解释甲供材重复计税问题：

（1）甲供材进项税额计入工程成本中，甲方无法抵扣。

（2）甲供材进项税额计入工程成本后，重复计税的部分以假设二为例计算公式为：100×13%×60×9%＝70.2（元）。直径500mm波纹管6780元［60×113＝6780（元）］甲供材重复计税的金额为70.2元，占比是1.035%。

（3）乙方开具的增值税销项发票对于甲方就是进项税额，包括70.2元的重复交税金额都是可以抵扣的部分。

如果忽略材料保管费可以这样理解，甲供材（含税价）成本税后原封退还给甲方；甲供材不能抵扣的进项税额部分换算成工程建筑类专用发票供甲方抵扣用了。案例中甲供材取得的进项税额为780元［60×100×13%＝780（元）］，从乙方获取的发票销项税额甲供材部分金额是610.2元［60×113×9%＝610.2（元）］。

假设三：续接上一个项目，招标文件规定直径500mm波纹管由乙方和甲方共同供应，甲方供应60m，甲供材金额计入工程总价。投标时直径500mm波纹管清单项目分为甲供和乙供2个项目，组价时甲供清单主材及损耗价格以100元/m计价（含税），乙供清单主材及损耗价格以80元/m计价（除税）。项目实施过程中甲方突然发变更要求直径500mm波纹管由甲供改为乙供，并且整个项目实施过程中直径500mm波纹管市场价格没有发生波动。竣工结算操作程序：

（1）材料认价：原甲供材性质变成暂估价材料，原单价100元/m认价变为80元/m，数量为60m。

（2）计算材料价差：按暂估价材料程序操作（80－100）×60×（1＋材料损耗率）。材料损耗投标时也是按100元/m计价，计算材料价差时同样要将损耗中的材料价差扣回，如果材料损耗率为2%，则此项目材料差价为－1224元。

甲供改为乙供后当然不存在税后退还甲供材料款的问题。

假设四：续接上一个项目，招标文件规定直径500mm波纹管由乙方和甲方共同供应，甲方供应60m，乙方供应140m，甲供材金额不计入工程总价。投标时直径500mm波纹管甲供材清单项目主材只计取了2%的损耗，单价按80元/m计算。项目实施过程中直径500mm波纹管市场单价飞涨，采购期直径500mm波纹管单价已经到了100元/m（除税价），甲方发变更要求直径500mm波纹管由甲供改为乙供，这时乙方的操作程序应该是：

（1）申请材料预付款。

（2）如果材料预付款申请无果，必须先确认材料单价，后采购材料，如材料确认价为100元/m（除税价），风险费率按±5%约定。

（3）直径500mm波纹管甲供材清单项目需要重新组价，有人会提出质疑"为什么假设四甲供改为乙供需要重新组价，而假设三却按暂估价程序操作？"因为假设三甲供材计入工程总造价，而假设四甲供材没有计入工程总造价，性质改变后，需要重新组价。

竣工结算操作流程：

（1）直径500mm波纹管甲供材清单新项目计价：

1）冲减原合同中直径500mm波纹管甲供材清单项目金额：−60×投标综合单价（人工费＋主材费80元/m×主材损耗率＋机械费）×（1＋综合费率）。

2）重组直径500mm波纹管新清单综合单价，重组后项目金额：60×重组综合单价［人工费（照抄合同）＋主材费100元/m×（1＋主材损耗率）＋机械费（照抄合同）］×［1＋综合费率（照抄合同费率）］。

直径500mm波纹管甲供材清单新项目金额：−60×投标综合单价×（1＋综合费率）＋60×重组综合单价×［1＋综合费率（照抄合同费率）］。

（2）计算直径500mm波纹管材料价差：

100−80×（1＋5%）＝16（元）。

乙供材价差＝140×（1＋材料损耗率）×16×（1＋税率），如果材料损耗率为2%，税率为9%，则乙供材价差为2490.43元。

工程材料管理计划赶不上变化，过程中什么情况都会发生，这只是用了4种假设，此外还有暂估价材料变甲供材的，又可以通过思维导图出现几种假设情况。无论材料是否从一种性质变成另一种性质，理论基础如果出现错误将无法还原因果，最终会发现操作程序违背逻辑进入"以子之矛陷子之盾"的误区。

46　颠覆认知的施工工序

（1）颠覆你的认知，定额木门窗框为什么按泥工工序安装考虑？

（2）颠覆你的认知，定额木门窗框考虑由泥工安装，它的底层逻辑是什么？

日前，一位同行诉苦说：甲方以门窗侧壁抹灰已经包含在内墙抹灰中不计算为由，将独立发包的防火门的塞口填塞强加给总承包方，产生很大的工料成本。正好又看到有其他同行写过"门窗后塞口，定额子目是并入墙面还是计入门窗综合单价？"的短文，笔者感慨颇多。下面和大家谈谈门窗侧壁抹灰为什么不包括塞口填塞的前因后果。

1.门窗框先塞口（立口）和后塞口（塞口）

说到门窗框的安装，就不得不说它的两种安装形式：立口（先塞口）和塞口（后塞口）。

（1）立口：就是门窗洞口在主体施工的同时安装门窗框。其工序为：门窗位置定位→立门窗框→砌墙时木砖固定→安装门窗过梁。

立口工艺要点：

1）立框前检查成品质量，校正规方，订好斜拉木和下坎的水平拉木；

2）按图示位置、标高、开启方向与洞口的关系（里平、外平、墙中）立框；

3）立框时应拉水平通线，线坠（托线板）将门窗框吊正；

4）砌筑时随砌随检查门窗框是否倾斜移动，并与木砖楔紧安牢。

优点：由于是先立樘后砌筑，门窗框与墙体的缝隙很小，所以门窗框与墙体之间可不必进行二次填塞。

缺点：与砌墙工序交叉，施工不便。首先，如门窗上部为现浇圈、过梁，门窗框的顶标高又正好是梁底标高，支模时，上框料将底模板一分为二，相当麻烦。其次，施工时的质量不好控制，容易受到污染和破坏。

由于传统的门窗被新材料、新工艺替代（铝合金门窗等），立口几乎彻底绝迹，新一代的造价人员没见过立口的占了绝大多数。

（2）塞口：预留门窗洞口，后安装门窗框。

优点：不耽误工期。

缺点：有一定的尺寸要求，后期二次填塞成本较大。

2.颠覆你认知的"泥工安装门窗框"，传统的工艺与定额

门窗定额分为门框制作、门框安装、门扇制作、门扇安装四个子目（参见某省早年的定额，如图6-1所示），也有的分为扇制作、扇安装，框则包括制作与安装，为三个定额子目。

随着时代的变迁，传统门窗发生了质的变化，新出的定额大多按成品考虑，不再考虑现场制作（如湖南的2020定额，木窗被完全取消，没有了木门扇制作，只有木门扇安装）。而早年（约40年前）的门窗定额则完全相反，几乎没有成品门窗（那时更

没有"贵得不可想象"的铝合金门窗），大多按现场制作、安装考虑。

16-149	16-149	16-149	16-149
五冒头镶板门（无腰单扇）			
门框制作	门扇制作	门框安装	门扇安装
数量	合计	数量	合计	数量	合计	数量	合计

图6-1 门窗子目

鉴于上述优缺点的分析，尤其是立口的门窗框，因与木工及砌墙的交叉，给现场管理造成很多麻烦，如交由同一工种安装，则麻烦会大大减少。同时，门窗框的安装除了钉子与木砖钉牢、横平竖直外，没有什么木工技术含量。所以，早年的江苏定额（1982定额）就考虑由泥工安装（由于年代久远，那套定额已丢失，无法拍照截图）。至于塞口的门窗框安装，因砂浆塞口必须由泥工去做。所以，并非颠覆你的认知，早年江苏定额的门窗框考虑由泥工安装，不但有道理，而且很科学。

3. 为什么说门窗的侧壁不包括塞口的填塞？

尽管事物在不断地变化，但无论是早年的定额还是现在的新定额（如河南、四川的2020定额），很多省市定额的框安装子目中，依然考虑有塞口用的砂浆，说明该工序的工料已考虑在框的安装中（图6-2）。

工作内容：门窗框制作、安装，包括刷防腐油及填塞麻刀石灰浆

定 额 编 号		B4-55	B4-56	B4-57	B4-58
项 目 名 称 **山东定额**		普通木门框			
		单裁口		双裁口	
		制作	安装	制作	安装

工作内容：门框、门套、门扇安装，五金安装，框周边塞缝等

湖南定额	编 号			A14-1	A14-2
	项 目			成品木门扇安装	成品木门框安装
	名称	单位	单价	数 量	
材料	防腐油	kg	3.58	—	6.71
	水泥砂浆	m³	538.83		0.11

图6-2 门安装自带塞口材料

由此可见，立口几乎没有砂浆，塞口的填塞包括在框安装中。不管是以前的定额还是现在的定额，无论是立口还是塞口，门窗的侧壁不包括塞口填塞是不争的事实。除了另有约定，把塞口填塞说成是门窗的侧壁抹灰，用来扣钱或强加给其他承包方的行为，其不是无知就是恶意。当然，有些省市的定额可能没有明确说明，属于定额概念模糊，给人以借口。但至少说明其基础很差，没有什么预算功力。

4. 定额的缺失与成本预控

由此可见，约定是何等的重要，但有时也会防不胜防。某工程，防火门由甲方独立发包，约定防火门的塞口填塞由总包单位负责，费用包括在总价中。岂知，到场的钢质防火门的门框类似于C型钢的空腹框，监理、甲方又要求必须将钢门框内填满细石混凝土，工序是用细石混凝土填满钢门框内部后再行塞口工序。防火门安装的工序是：防火门安装→细石混凝土填入门框→后塞口填充。前两道工序应该由防火门窗厂家完成，最后一道工序由总包单位承担可以，但人力、物力消耗巨大，仅这道工序的成本约200元/樘。

20世纪八九十年代克拉玛依没有外墙保温，所谓保温外墙是一砖半或二砖厚的砖墙，外门窗都是普通的钢门窗，由于是严寒地区，外门窗的设计均为双层钢门窗。门窗的内外侧壁抹灰都有相应的计算规则，但双层钢门窗中间的夹缝（图6-3）既不属于内侧，也不属于外侧，且工程量巨大，要不要算、按什么算成了很大的争议。后经计划委员会、定额站下发补充说明：按门窗套抹灰定额计算。当时是计划经济年代，实事求是程度高，如换成现在，什么综合考虑、包括在内等的说辞将层出不穷。

图6-3 双层窗示意图

5.结论

当今的造价人员学历都很高，但普遍存在工地概念模糊、现场知识薄弱、预算脱离施工的问题，他们之中许多人能考取执业资格证书，说明知识体系中不缺乏高端的投资理财知识，缺失的是扎实的算量、组价基本功。许多特大型总承包公司都在大力推行"大商务管理"，其商务的职责就是策划，策划需要的是综合能力，而综合能力需要扎实的施工基础来保障，没有厚实的基础，"大商务管理"要点、重点中的"研究项目价值、成本与功能的内在关系；从事物的底层、本质出发""中间深入提质"就无从谈起。事物的底层本质就是底层逻辑，对此，笔者的感悟是：既要遥望星空，更要脚踏实地，脚踏实地是为了更好地遥望星空。当真正挖掘出底层逻辑后，你会发现，原来答案如此简单。

47　工程造价中的俗手、本手与妙手

俗手、本手与妙手本来是围棋中的三个术语，指行棋过程中的三种状态，却被2022年高考试题炒上了热搜，笔者对比自身的专业来对围棋中的三个术语做一个工程造价的新解。

本手并不是指初级选手下棋走的路数，90%的意思是指循规蹈矩地按（围棋）定式行棋，如开局时，先占角，后占边，最后发展中央，角上的空间很大，但行棋变化并不多，因此在角上行棋就产生了一些固定的套路定式，小的定式由10多步组成，大的定式如"大雪崩""小雪崩"被推导出几十步公式型招数，一个学习三天半围棋的人与高手对决，前30步因为走的可能都是定式，基本看不出水平高低，这种行棋下法叫本手。

俗手不能全部理解为臭棋，10%也许体现的是大智若愚的境界，如人机对决中［阿尔法围棋（AlphaGo）］，阿尔法围棋的行棋套路许多内行人直呼根本理解不了，当经过30步以后发现，原本被看成不懂的俗手经过演变竟然是一步妙棋。

妙手不用多解释，妙手丹青、妙手回春、妙手天成等成语将妙手诠释得淋漓尽致。

在工程造价中是不是开局就要大放妙手？错。因为妙手可以为一方带来利益，但对于交易的另一方就是利益损失，无论是发包方还是承包方，释放出妙手如果被对手确认和识破，就会遭到千方百计的阻止，发包方最典型的妙手就是占天时、地利、人和之势，在工程招标文件、工程建设施工承包合同中加入霸王条款，如投标方不能在投标时间段内发现工程量清单的错误，就视为招标工程量清单没有问题，将来出现的招标清单一切项、量错漏问题不在结算中增加、调整费用。承包方所谓的妙手就是自认为得意的不平衡报价，妄图在结算中获得一些小聪明式的便宜。围棋中外行人定义妙手是一剑定乾坤的绝杀招式，内行更愿意赋予救危难于水火的落子为妙手，但更多的妙手则是润物细无声的行棋步调。

妙手并不是人人都可以运用自如的行棋招式，更多的棋子是在一板一眼中落入棋盘中，高考试题把本手形容为基础、基本功是不错的比喻，在初学围棋时，老师会先教学员一些死棋、活棋的定式，也会让学员背几十个常用的开局定式不断演练，之后随着水平的提高，再用所学的定式在实战中进行排列组合，克敌制胜。就如同工程造价人员学习的工程预算定额，在清单计价中把定额子目套入清单项目中进行组价，最终得出清单项目的综合单价，保证每一个项目综合单价组价合理，才可以确保最终工程总造价可以盈利。对于工程咨询行业的从业人员，更强调的是本手的行棋风格，套定额一定要用"对"与"错"来分是非，取费（非不可竞争费用）也要用官方的文件作为依据，组价要到信息价中找答案。这一系列的本手操作不能视为错误，但与对手过招时永远都是固定的套路取胜的概率一定不会太高。一个130万元的投标项目，投标方组出的价格与标底（地产商）的控制价格相差1000多元，这不是歪打正着的运气，也没有任何妙手存在其中，只是对方的套路尽在掌握之中，甚至竞争对手的投标价格都能猜得八九不离十，事后怀疑是否有人泄露标底，只有投标人心里清楚，这种标再投上10次，误差率也就是±1‰上下。

本手只是保证自身不犯低级错误的前提，妙手才是取胜的法宝。但工程造价中妙手越来越难以释放，原因是对方已经掌握了所有自己掌握的妙手套路，如在不平衡报价课程总结中，许多人罗列了多条不平衡报价的方法：土方工序发生在开工后，回款时间最早，因此土方价格要报高价，可以更大限度地促进资金回笼；预计清单工程量比实际工程量大，价格要报低价，避免利润被过多扣减，甚至一些预计项目实施过程中会被取消的清单项目，投标方将综合单价报为0元。如果不平衡报价这样容易被察觉，那就不叫不平衡报价了，而应该称为报价失误。每一步棋落子之前让对方知道具体的位置，这盘棋胜负早已经确定了。

棋局中所谓绝对的妙手、俗手往往只是在复盘中被总结出来，高手行棋过程中，普通观棋的人一般是无法定义"妙"与"俗"的界限，有时看似是本手，但因为建立在对方俗手的基础上，自然演化成为妙手。首先自身不犯错误，把胜利建立在对手的失误上是一种赢。有人说模拟清单都是招标方设置的局，他们事先做了充分的功课，故意在其中做些手脚，然后引诱投标方上当，之后再采用"预转固"的方法砍上一刀，把签订合同之时变成承包方赔钱的起点。而笔者认为，只要招标方敢在招标文件里故意设局，招标文件里就一定存在错误，这个错误一旦被发现，当初招标方精心设计的妙手立刻就会变成俗手。模拟清单大多是在清单工程量里做文章，投标时就用本手这种最笨的方法审核每一条清单工程量，发现招标文件里工程量比图纸大的，就报低价，反之就报高价，这个"高"不是抢钱似的实现一夜暴富的巨额利润，低价也不是将清单综合单价直接报为0元，可能是在原正常清单综合单价的基础上做4%～6%的微调，整个程序操作下来，总价能多实现1%的利润就是胜利，相比"胜天半子"的喜悦，1亿元的项目1%就是100万元的利润，足以用手舞足蹈的方式进行欢庆了。

妙化身为俗，俗转化成妙，阿尔法围棋在棋局中为人们演绎了这么一个深奥的哲学道理。有IT人士说，人在为机器设计棋局程序时，是让机器分析棋盘上每一点的逻辑分值，机器下的每一步棋都选择在分值最高的点上。在机器的大脑——芯片中只有逻辑分值的高低，没有功名利禄的诱惑，而在人的棋局中，只要有利益的得失，就一定会产生利令智昏的俗手。本手风格型的棋手，保证每一步不错才是正确的棋路，把妙手建立在实现个人利益的基础上最终会变成一步臭棋。如许多人咨询的顶棚上的灯具所占面积应不应该扣除的问题，笔者也翻阅了几个地区的定额、清单计价规则，条款中只注明了扣除0.3m²的孔洞，而灯具、检修口并不属于孔洞的范畴，实际谁家的吊顶顶棚上也不会留置千疮百孔的孔洞，暴露出的问题是提问人只想着如何扣减工程量，不知道吊顶顶棚上如果一个灯具都没有，吊顶人工成本至少要减少5%，吊顶顶棚上有灯具吊顶的材料费不会减少，人工费却会增加。

48 关于工程措施费是否能得到审计认同的问题

笔者曾提出一个底层逻辑"施工单位用不用请咨询公司教怎么挖土"？答案必

然是否定的，既然前提很明确，结果却经常出现意想不到的反转。"土方运距不够15km，结算时要扣减运费；垂直运输实际没用塔式起重机，与施工组织措施方案不符，投标时计取的垂直运输费要被扣除等"一系列听上去很不在理的审核结论，这一切挑战底层逻辑的理论被重复地运用，竟然差点演化成"没实施就要扣减的真理逻辑"。使得施工方在投标时经常战战兢兢地询问："电梯基坑斜面采用砖胎模，结算时是否能得到工程审核的认同？"对于如此不自信的问题，笔者给出一个通用的标准答案，如怕事后工程审核方在结算中出难题，事前就把这个问题在投标阶段澄清，在答疑文件中可以这样询问："土方运输最高投标报价编制人考虑土方的运距是多少？电梯基坑斜面施工最高投标报价编制人考虑什么样的支模方式？等等"。

工程造价是研究工程成本的学科，最高投标报价研究的是投资方建安投资成本的目标成本，而投标报价是承包方在研究工程施工成本后得出的心理利润价位。不同经验的人又处在不同利益平台，考虑的工程成本金额可能有所不同，但实际发生的成本永远只有一个，这个实际成本就叫核心成本，而且只有承包方可以得到这一核心成本，咨询方永远不可能得到施工单位的实际成本。实际成本核算不仅是财务管理的一个程序，而是通过核算实际成本，对比之前投标报价时的测算成本（也叫目标成本），来反映投标报价人的水平，体现实施项目的其他职能部门的管理责任等。

下面以电梯基坑施工图为例，澄清电梯基坑混凝土施工模板支护的措施方案及费用问题，如图6-4所示。

假设编制电梯基坑模板支护方案采用砖胎模，措施方案图纸见图6-5、图6-6。

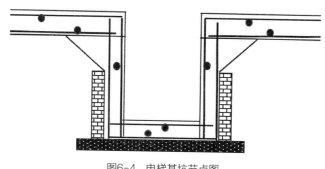

图6-4　电梯基坑节点图

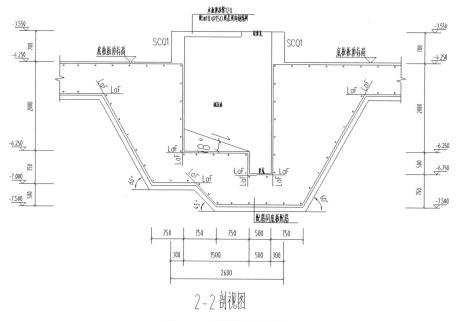

图6-5 电梯基坑图集节点

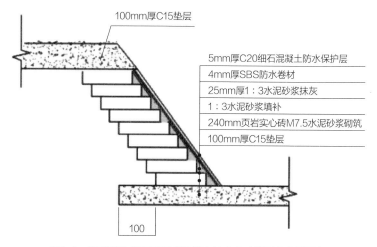

图6-6 电梯基坑斜面采用砖胎模支护方案（①号节点详图）

结算审核时通用的扣减质疑：

（1）为什么要采用砖胎模支护方案？

（2）甲方、监理、设计等各方都审核通过了吗？

（3）为什么投标文件中施工组织设计方案不是这样的模板支护方法？

如果说不出来让人信服的要钱理由就是工程审核扣减的理由。

针对这些套路式的质疑，有些专家非常认真地与审核人员解释："斜坡为何砌砖？一般是因为斜坡塌方或土质不好，斜坡上不能浇筑混凝土，只能用'砌砖＋抹灰'替代原有的混凝土垫层，属不可预见因素。它是垫层而非砖模，更不属于模板范畴。它是一种补救措施，一种替代方法。"而且还图文并茂地深入解释了什么是垫层、什么是砖模，如图6-7、图6-8所示。

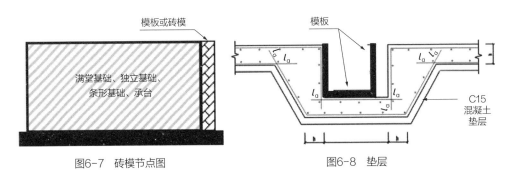

图6-7　砖模节点图　　　　　　图6-8　垫层

基坑底部的混凝土垫层为满灌浇筑，斜坡的混凝土是用人工拍上去的，根本用不着模板。由于斜坡塌方或土质不好，不能浇筑，才改用砌砖替代（图6-9）。

图6-9　垫层施工过程

如果采用这种施工方案应如何报价？应按自身的实际报价，不能完全照搬清单的描述报价（因为最高投标限价采用的措施方案并不一定适用于实际工程项目，投标人应该有自己的客观考虑，以测算真实的措施成本）。

这种施工措施方案在工程结算时能否得到审核人员支持？

如果工程结算时遇到审核人员问及"为什么要用砌砖代替混凝土垫层"，笔者的回复可能会非常简单粗暴："如果你认为这种措施方案不科学，就请按科学、规范的施工方法组价结算，我没意见。"既然审核人员在结算时想推翻主张人的底层逻辑，也不用与之解释和计较，直接让对方提供他们认为合理的底层逻辑就可以了，被审核方就华丽变身成为审核方，挑没有经验的人提出的底层逻辑，一句话里能挑出3个错误。

工程措施费特别是组织措施费性质的成本费用，应该尊重以下底层逻辑：

（1）预计要发生的费用，投标时一定要报价，如同图6-10中的问题。

措施费是否包含已完工程保护费？ 专

图6-10　工程成品保护费

如果只承担土建主体结构施工，工程成品保护费几乎不会发生，钢筋混凝土构件拆除费用现在已经大于新建成本，想破坏钢筋混凝土构件并不是一件容易的事。

如果是精装修项目或者是在用项目的维修等，工程成品保护费的成本可能会超出一般人的认知，如实验室墙面、顶面粉刷，看着很简单的2个清单项目，实质内容包含铲除原涂料层和腻子找平层，甚至还会拆除至结构层，实验室中许多实验台是固定构件，设备在运行时也不能离开实验台，在施工前要里三层、外三层地把这些精密仪器保护好，拆除、安装过程中要小心翼翼地操作，施工完成后要把施工作业面清理得一尘不染。仅一项成品保护费就可能会超过实体清单项目的成本。

（2）如果投标时措施项目丢项，特别是组织措施费项目丢项，结算时不可能得到补偿，只能按让利处理。

（3）投标时措施项目已经报价，但实施过程中因为某些原因修改了措施方案，结算时仍然按原合同措施项目价格结算。

结论就是：无论什么原因，合同里有的措施费用，结算时就照抄、照搬结算；合同里没有的措施费用，不能说100%不予以追加，但措施费追加手续可能会历经坎坷。有些地区规定措施项目在施工过程中办理签证，实际这一条发包人将措施费风险全部揽入怀中，结算时发现措施费用远超概算、估算，造成工程结算款无钱可付，于是就开始百般抵赖，一些施工方可能在某些项目中以低价中标、高价索赔的方式在工程措施费签证方面总结出经验，于是在所有工程项目投标时就敢闭着眼打5折、6折，一旦在措施费追加中占不到便宜，项目亏损就是必然的结果，之前成功的经验可能就是之后失败的起因。

对于工程措施费，笔者一贯的底层逻辑是不要想着坑害对方为自己谋利，投标时一定要考虑周全，预计发生的费用要列项齐全，取费相对合理。妄想中标后拿着施工方案找监理、设计、甲方签字，之后到结算阶段"狮子大开口"要钱的经营理念在现实中基本属于愚蠢行为。对于审核方这种违背底层逻辑的论调，最好不要出声，如施工现场根本没有发生过材料二次搬运费这种言论，如果没有发生，建筑材料是如何从仓库到施工部位的？只能说一般的材料二次搬运费已经包含在定额子目的人工消耗量中，如果投标时单独计取了材料二次搬运费，结算时也应该得到费用支持，因为工程预算定额里所有的条款只是提示性的参考意见，并不能成为否定合同的依据。这种工程审核人员挑战底层逻辑的行为，不是对错问题，而是挑战成本太低的问题，将来面对底层逻辑的错误审核，施工方不需要用不正当手段争取应得的利益，而是应该将审核人员的错误证据交由相关部门要求吊销工程审核人员其个人的执业资格。

49　救救下一代工程造价人

答疑平台经常能看到类似的疑问，许多人煞有介事地回复着看似正确的答案，但这些问题背后隐藏着的更大问题不是有没有正确答案的问题，而是他们这些问题的出处在哪里，也就是这些问题从何而来？

问题汇总如下：

问题1：造价中工程排污费属于规费，规费和增值税属于政府收取，从这点说明工程排污费的确是由政府收取。

对问题1的解释：规费是行政性收费，规费的特点是发包方把钱给承包方，然后再由承包方把钱交给政府，如社保中的"五险一金"就是最典型的规费收支程序。

问题2：实际工程中，政府收取的是地税（地税包括企业、个人所得税，教育附加、印花税等）＋国税（增值税）。从这点看出政府的确没有收取工程排污费，这笔费用还具备不具备规费的特点。

对问题2的解释：地税包括企业、个人所得税，教育附加、印花税等一系列税费。国税就是我们现在所说的增值税、企业所得税等税种的税金。

税与费还是有所区别的，所以从收入来源看，工程量清单计价设置了规费清单和税金清单2个非常特殊的清单组成部分，就是为了区分规费与税费的关系。

问题3：工程排污费与安全文明施工费中的环境保护费有着说不清道不明的关系。

对问题3的解释：对于工程排污费与安全文明施工费中的环境保护费，还真有理论依据能够说清楚。首先分析一下规费与安全文明施工费的区别：

安全文明施工费是承包方收钱后自行处理这部分收入，将之用于安全文明施工措施项目中；规费是承包方收钱后将钱交给政府，由政府花钱解决费用名目中的问题，如工程排污费应该由政府收钱，再由政府花钱对工程排污问题进行治理。通过解释可以看出：安全文明施工费中的环境保护费是施工方为维护施工现场环境而花费的成本，这笔费用里并不包括工程排污费。所以规费中的工程排污费与安全文明施工费中的环境保护费并没有重复计费。

以上3个问题一问一答，并没有显示出什么特殊之处，但提问者抛出上面3个问题的真实目的是要寻求下面问题的答案：

工程竣工后，工程排污费到底有没有道理扣除？扣除的理由是施工方没有向政府部门交纳这笔费用，因此审计方主张要扣除此费用。

对这个问题的解释要澄清几个疑点：

（1）施工方对费用的安排审计方是不可能知道的，施工方未交纳工程排污费的依据从何而来？

（2）政府部门可能出台了取消企业交纳工程排污费的政策文件，但出台取消企业交纳工程排污费政策文件的部门与当初制定收取工程排污费政策文件的部门也许不是一个部门，彼此没有对此事做进一步的后期沟通，导致工程排污费取消，但计取工程排污费的文件还在执行，出现了施工企业有收入但没支出，这笔工程排污费相当于成为施工企业利润的一个组成部分。

（3）也许工程排污费由规费转变成安全文明施工费性质的费用，实际工程排污所发生的成本内容由施工方承担，政府同意计取这部分费用，同时也不向企业收取这部分费用，同样的，污水排放工作政府不参与亲自组织实施而转由收到钱的企业负责治理也是一项合理的政策。

这3个疑点如果没有具体落实，扣钱就是一种想象的主观行为。

如果有人为此辩护：刚出校门的新人没有缜密分析的能力，工作中想象不到每一个疑点，出现遗漏也是难免的。如果疑点的第2、3条属于经验不足，第1条这类的主

观想象在工作中比比皆是。如下面的2个问题:

问题4:总承包单位扣除分包单位造价中所有的安全文明施工费,然后根据分包单位现场实际发生的费用(根据发票)给付。这样合理吗? 是否符合规范要求?

对问题4的解释:

总包对分包主要有2种形式:

(1)劳务分包:也就是常说的包清工,这类分包就是劳动力价值的转换过程,劳务分包的责任与风险相对较低,劳务分包中发生的安全文明施工费内容的成本,也是劳务分包方为总承包方服务产生的。

(2)专业分包:这类分包比劳务分包责任、利益、风险都要大,是否发生安全文明施工措施成本的答案是明确的,承包过程中一定会发生安全文明施工费。

总承包单位对专业分包结算时是否一定要扣除安全文明施工费答案显然是不一定,因为总包与专业分包(不论是总包自行分包还是甲指分包)在签订合同时,措施费项目基本已经包死,安全文明施工费就是组织措施费的性质,更应该包死,谈不上结算时扣除专业分包的合理费用。

明白了问题4,问题5也就迎刃而解。

问题5:发包单位扣除总承包单位造价中所有的安全文明施工费,然后根据现场实际发生的费用(根据发票)给付。这样合理吗? 是否符合规范要求?

对问题5的解释:

(1)安全文明施工费是不可竞争费,即使施工期间没有发生安全、环境、文明施工等问题,结算时发包方也不能扣除承包方的安全文明施工费。

(2)即便是以实报实销的方式结算,安全文明施工费也不适用。因为安全文明施工费项目繁杂、费用纷乱,即使承包方拿出相关安全文明施工费发生的票据,发包方也无法断定哪张票据与本项目的安全文明施工费有关,如脚手架租赁费,谁能区分出脚手架钢管及扣件到底是用来搭设脚手架了,还是用于坑、孔、沟、池的临边防护了,或者是用于搭设钢筋棚、电焊机棚了。在定额计价时期,正赶上计划经济向市场经济转型,工程项目当初以定额单价计价得到的价格在实际市场中买不到所需的建筑材料,为此政府规定可以拿票据来做实物量材料费(机械费)的结算依据,但是政策执行不久就宣告终结,原因是票据造假成本太低。

回首往事已经过了40余年,为何现在2000年后出生的人竟然提出这样的操作程序方案。看不懂图纸不会算量、不知道工序和工艺、不会套定额组价、没有经验想象不出实际会发生的措施项目等这些新人遇到的初级问题都会随着时间和挫折慢慢得到积累，而一些"不知道从哪里来"的问题想去纠正都不知道从何下手。如果问题只是个例还容易解释，因为个人的思维方式造成的令人费解的疑团不会普遍扰乱工程造价行业，但现在这类问题在行业中是非常普遍的，而且提问人丝毫没有对自己的思维方式产生怀疑，他们的逻辑是：我负责编制扣钱的方案，你们替我找扣钱的证据，而且找扣钱证据这项任务往往会落在被扣钱人的头上。

50　清单实物量项目偏差的可调整与不可调整

招标人对招标工程量清单项目的正确性负责，但不是所有的清单项目出现偏差就属于漏项或错误。下面2个案例是同一个工程项目中出现的，但答案似乎不同。

案例1：

建筑屋面板四周均向外挑出外墙外边线1m，形成屋檐板。按照清单计价规范计量原则，屋檐板按悬挑板计算，但是最高投标限价清单工程量将屋顶的平板与挑出外墙外边线的屋檐板进行了合并计算，列在平板清单项目内。竣工结算时审核人员认为报价时应该综合考虑，结算时维持合同清单项目综合单价原状，按平板综合单价结算。施工方则认为屋檐板属于清单漏项（屋檐板没有列清单项目），应按悬挑板计算并重新组价，同时扣除平板相应工程量。哪一种解释合理？

如果让笔者做仲裁，更倾向于施工方的主张，理由是《建设工程工程量清单计价规范》GB 50500—2013、《房屋建筑与装饰工程工程量计算规范》GB 50854—2013中有悬挑板的清单项目（010505008），如图6-11所示，招标工程量清单编制人不顾平板与悬挑板施工工艺的差异，将悬挑板与平板工程量合并，且在项目特征中没有注明两种板工程量的构成比例，投标方认为悬挑板丢项、漏项主张成立。结算时应按悬挑板计算并在组价原则的基础上重新组价，同时扣除平板工程量清单项目中悬挑板所占的清单工程量。

项目编码	项目名称	项目特征	计量单位	工程量计算规则	工程内容
10405001	有梁板	1.板底标高 2.板厚度 3.混凝土强度等级 4.混凝土拌合料要求	m3	按设计图示尺寸以体积计算，不扣除构件内钢筋、预埋铁件及单个面积0.3 m2以内的孔洞所占体积（包括主、次梁与板）按梁、板体积之和，无梁板按板和柱帽体积之和，各类板伸入墙内的板头并入板体积内，薄壳板入薄壳体积内	混凝土制作、运输、浇筑、振捣、养护
10405002	无梁板	1.板底标高 2.板厚度 3.混凝土强度等级 4.混凝土拌合料要求	m3	按设计图示尺寸以体积计算，不扣除构件内钢筋、预埋铁件及单个面积0.3 m2以内的孔洞所占体积（包括主、次梁与板），按梁、板体积之和，无梁板按板和柱帽体积之和，各类板伸入墙内的板头并入板体积内，薄壳板的肋、基梁并入薄壳体积内	混凝土制作、运输、浇筑、振捣、养护
10405003	平板	1.板底标高 2.板厚度 3.混凝土强度等级 4.混凝土拌合料要求	m3	按设计图示尺寸以体积计算，不扣除构件内钢筋、预埋铁件及单个面积0.3 m2以内的孔洞所占体积，有梁板（包括主、次梁与板）按梁、板体积之和，无梁板按板和柱帽体积之和，各类板伸入墙内的板头并入板体积内，薄壳板的肋、基梁并入薄壳体积内	混凝土制作、运输、浇筑、振捣、养护
10405004	拱板	1.板底标高 2.板厚度 3.混凝土强度等级 4.混凝土拌合料要求	m3	按设计图示尺寸以体积计算，不扣除构件内钢筋、预埋铁件及单个面积0.3 m2以内的孔洞所占体积，有梁板（包括主、次梁与板）按梁、板体积之和，无梁板按板和柱帽体积之和，各类板伸入墙内的板头并入板体积内，薄壳板的肋、基梁并入薄壳体积内	混凝土制作、运输、浇筑、振捣、养护
10405005	薄壳板	1.板底标高 2.板厚度 3.混凝土强度等级 4.混凝土拌合料要求	m3	按设计图示尺寸以体积计算，不扣除构件内钢筋、预埋铁件及单个面积0.3 m2以内的孔洞所占体积，有梁板（包括主、次梁与板）按梁、板体积之和，无梁板按板和柱帽体积之和，各类板伸入墙内的板头并入板体积内，薄壳板的肋、基梁并入薄壳体积内	混凝土制作、运输、浇筑、振捣、养护
10405006	栏板	1.板底标高 2.板厚度 3.混凝土强度等级 4.混凝土拌合料要求	m3	按设计图示尺寸以体积计算，不扣除构件内钢筋、预埋铁件及单个面积0.3 m2以内的孔洞所占体积，有梁板（包括主、次梁与板）按梁、板体积之和，无梁板按板和柱帽体积之和，各类板伸入墙内的板头并入板体积内，薄壳板的肋、基梁并入薄壳体积内	混凝土制作、运输、浇筑、振捣、养护
10405007	天沟、挑檐板	1.混凝土强度等级 2.混凝土拌合料要求	m3	按设计图示尺寸以体积计算	混凝土制作、运输、浇筑、振捣、养护

图6-11 《建设工程工程量清单计价规范》GB 50500—2013混凝土悬挑板计量规则

案例2：

最高投标限价工程量清单中所有砖墙均按直形墙计算的工程量，实际砖墙有一部分是弧形墙。按照定额说明条款"砖（石）墙身、基础如为弧形时，按相应项目人工费乘以系数1.1，砖用量乘以系数1.025"考虑。竣工结算时审核人员认为报价时应该综合考虑弧形墙的工艺及成本，结算全部按直形墙计算。施工方认为是招标工程量清单漏项、错项，应增加"弧形砖墙部分"的清单项目及工程量，按定额说明规定"人工费乘以系数1.1，砖用量乘以系数1.025"重新组价，同时扣除直形墙中相应弧形墙部分的工程量。审计方与施工方哪一种解释合理？

针对这一问题，笔者同样根据《建设工程工程量清单计价规范》GB 50500—2013"附录D 砌筑工程"章节中"表D.1 砌体墙"中清单项目进行说明，如图6-12所示。

从砌体墙清单项目列项中并没有发现清单中有单独弧形墙的项目，工程量计算规则与工作内容中也没有关于弧形墙的特殊计算规则，反观定额条款说明，没有看出来直形墙与弧形墙的工艺做法区别（这与平板和悬挑板的工艺性质关系不同），定额条款说明只是认为弧形墙的人、材、机消耗量较直形墙略多，因此注明了弧形墙在直形墙基础上可以调整人、材、机含量系数（定额说明中的人工费系数1.1与材料费系数1.025都是针对定额消耗量的调整系数，而不是针对定额单价的调整系数）。

项目编码	项目名称	项目特征	计量单位	工程量计算规则	工程内容
10302001	实心砖墙	1.砖品种、规格、强度等级 2.墙体类型 3.墙体厚度 4.围墙高度 5.勾缝要求 6.砂浆强度等级、配合比	m3	按设计图示尺寸以体积计算。扣除门窗洞口、过人洞、空圈、嵌入墙内的钢筋混凝土柱、梁、圈梁、挑梁、过梁及凹进墙内的壁龛、管槽、暖气槽、消火栓箱所占体积，不扣除梁头、板头、檩头、垫木、木楞头、沿缘木、木砖、门窗走头、砖墙内加固钢筋、木筋、铁件、钢管及单个面积0.3㎡以内的孔洞所占体积，凸出墙面的腰线、挑檐、压顶、窗台线、虎头砖、门窗套的贴脸、虎头砖、门窗套的线不增加体积，凸出墙面的砖垛并入墙体体积内@@1. 墙长度：外墙按中心线，内墙按净长计算@@2. 墙高度：@@（1）外墙：斜（坡）屋面无檐口天棚者算至屋面板底，有屋架且室内外均有天棚	1.砂浆制作、运输 2.砌砖 3.勾缝 4.压顶
10302002	空斗墙	1.砖品种、规格、强度等级 2.墙体类型 3.墙体厚度 4.勾缝要求 5.砂浆强度等级、配合比	m3	按设计图示尺寸以外形体积计算。墙角、内外墙交接处、门窗洞口立边、窗台砖、屋檐处的实砌部分体积并入空斗墙体积内	1.砂浆制作、运输 2.砌砖 3.装填充料 4.勾缝
10302003	空花墙	1.砖品种、规格、强度等级 2.墙体类型 3.墙体厚度 4.勾缝要求 5.砂浆强度等级	m3	按设计图示尺寸以空花部分外形体积计算，不扣除空洞部分体积	1.砂浆制作、运输 2.砌砖 3.装填充料 4.勾缝
10302004	填充墙	1.砖品种、规格、强度等级 2.墙体厚度 3.填充材料种类	m3	按设计图示尺寸以填充墙外形体积计算	1.砂浆制作、运输 2.砌砖 3.装填充料

图6-12　《建设工程工程量清单计价规范》GB 50500—2013砌体墙清单项目计量规则

工程量清单编制人在处理直形墙与弧形墙工程量时，采用了偷懒方式，直接将弧形墙清单工程量并入直形墙清单工程量之中而没有单独列项，给投标人造成砌体弧形墙丢项的错觉。如果一定要追究工程量清单编制人的错误，其错误可能就是没有在直形墙清单项目特征描述中注明"清单工程量包括弧形墙部分"，如果有这句提示，工程量清单编制人一点责任没有，错误应该归结为投标人组价时没有认真核算清单工程量，甚至没有认真看招标图纸，只是对着清单项目盲目组价、凑数，最终导致竣工结算时案例2的争议。

对于案例2的责任划分，笔者对招标、投标双方给出的责任比例是2：8，投标人责任占大头，案例2中承包方的主张不能完全成立。

看似同样性质的2个案例，笔者并没有站在任何一方的立场上做出主观评判意见，所有的底层逻辑都是在定性和定量的基础上分析得出的，最终得到2种不同的结论。许多工程造价人员都认为实际工作中会受到主体立场、地区差异、环境变化、利益驱使等客观因素影响，但当真正挖掘出底层逻辑后会发现，原来结论如此简单，就是到清单规范中下载2个截图，得出工艺差异这个底层逻辑，从而判定责任主体应承担的责任比例。

51　小学数学难倒无数的大学生

材料调差在工程造价中是经常要运用的一个概念。工程施工过程中，因为时间变化，导致材料在工程项目实施阶段价格也会起伏波动，为降低承包方的风险，合同条款会约定结算时可以对某类材料进行价差调整。但是这么一条相对公平的合同条款，却在应用过程中笑话百出，引出多条莫名其妙的计算公式。看下面的案例：

人工单价基准期（投标期信息价）100元/工日，投标报价90元/工日，当期信息价（结算期信息价）110元/工日，因为投标时有让利，问结算时调整人工单价应该用什么计算公式（人工单价风险波动不计）。依据是江苏省官方差价调整文件的操作公式（图6-13）。

四、发包方应在招标文件及施工合同中考虑人工工资指导价调整因素，不得限制人工费用的合理调整。发承包双方应在施工合同中明确约定人工费调整方法。施工合同没有约定时或约定不明确时，人工单价均按照施工期间对应的当期人工工资指导价进行调整，并扣除原投标报价中人工单价相对于基准日人工工资指导价的让利部分，具体按如下办法执行：

1.江苏省住房和城乡建设厅各期人工工资指导价发布之日之后实际完成的工程量部分人工单价按照施工期间对应的人工工资指导价进行调整，并扣除原投标报价中人工单价相对于基准日人工工资指导价的让利部分。其结算人工工资单价价差调整公式应为（当$P_1 \geqslant P_0$）：

$$P = P_n - P_0 - (P_1 - P_0)$$

式中：P——结算人工单价调整价差；
$\quad\quad P_n$——施工期间当期人工工资指导价；
$\quad\quad P_0$——合同中让利之后的人工工资单价；
$\quad\quad P_1$——基准日人工工资指导价（招标工程以投标截止日前28天、非招标工程以合同签订前28天为基准日）

2.江苏省住房和城乡建设厅各期人工工资指导价发布之日之后实际完成的工程量部分人工单价按照施工期间对应的人工工资指导价进行调整，如施工合同中有未确定让利幅度的人工工资单价，其结算人工工资单价价差调整公式应为：

$$P = P_n - P_1$$

式中：P——结算人工单价调整价差；
$\quad\quad P_n$——施工期间当期人工工资指导价；
$\quad\quad P_1$——基准日人工工资指导价（投标截止日前28天）。

3.人工费调整公式应为：$\sum$各分部分项工程及单项措施费工程中江苏省住房和城乡建设厅各期人工工资指导价发布之日之后实际完成的工程量×相应人工消耗量×P。

4.各期人工工资指导价调整价差部分不下浮，计入定额基价，原则上根据投标报价口径计取相关费用。

图6-13　价差调整的操作公式

　　提问者给出了2个答案，请教专家给出一个选择判断：

　　答案1：110（结算期人工工日单价）－100（基期人工工日单价）＝10（元）（单价差）？

　　首先因为人工单价价差调整不考虑风险波动因素，直接用结算期单价减基期单价，这个计算价差的公式运用正确。其次另一个知识点非常重要，就是减数应该选择哪个单价，案例中的已知条件给出了2个基期单价，一个是投标期信息价100元/工日，另一个是投标期的让利价90元/工日，调整单价差（无论是人工、材料还是机械单价）一定要用最高（基期）价作为减数，答案1看似一道小学低年级的数学应用题，恰恰是正确答案。

　　答案2：（110－100）×（90/100）＝9（元）？

　　答案2也许是受官方文件第1条误导后自己随机发明的一个计算公式，将官方文件第1条中的公式展开后会发现：$P=P_n-P_0-P_1+P_0=P_n-P_1$。

　　官方这套组合公式绕了这么大一个弯，怎么突然回到答案1中P_n-P_1的原点位置了？

　　再看答案2，按官方公式套入相应的变量$P=110-90-（100-90）=110-90-100+90=10$（元）。

　　如果按提问者的思维理解，价差让利部分也要参与打折，公式应该是：$P=（P_n-P_0）×（P_0/P_1）=（110-90）×（90/100）=18$（元）。但这个公式没有任何的数学理论支持和官方依据，纯属自编自导的场景。

　　在此分析答案1中简单的公式为什么正确。

　　（1）让利因素没有在结算价差中予以补偿。P_n-P_1里面没有计算任何打折让利因素，因为减数选择的是"孰高单价"。

　　（2）答案2已经用了孰高法计算出来的价差不存在任何让利的因素，再在此基础上用计算出来的单价差×（90/100）打折系数就是错误。为了证明答案2的正确，提问者又换算出一个新公式：$P_n×（P_0/P_1）-P_0=110×0.9-90=9$（元）（答案3）。

　　因为数字的巧合竟然让2个不同公式的计算结果出现阴差阳错的一致，想要证明这2个公式的不同，方法很简单，换一组数字试试：

　　答案3验算结果：120×0.9－90＝18（元）；

　　答案2验算结果：（120－90）×（90/100）＝27（元）。

再更换一组数字，答案2与答案3还会有新的结果，说明这2个公式本质上就不一样，相互之间无法进行验算。实际整个案例就是求一道简单的单价差数学题，怎么演化出这么多令人眼花缭乱的计算公式，也许扰乱工程造价人员思维的是这样一段话（图6-14）。

> 建设单位应在招标文件中考虑人工工资指导价调整因素，原则上不得限制人工费用的合理调整。发承包双方应在施工合同中明确约定人工费调整方法。施工合同没有约定时，人工单价按照施工期间对应的人工工资指导价进行调整，并扣除原投标报价中人工单价相对于基准日人工工资指导价的让利部分。

图6-14 合同没有约定的调整方案

把简单问题复杂化现象的出现，从一个侧面证实，工程项目无论是清单计价还是定额计价，总价打折都是一个错误的前提，在错误的前提下，无论过程如何正确，也不可能得出正确的结果。因为工程项目虽然也属于商品交易的范畴，但不同于普通的商品，菜市场买棵白菜经过讨价还价、打折让利后，一手交钱一手交货，之后交易就结束了，而工程项目漫漫实施过程中要发生许多的变数，之前任何一个操作错误都会导致新产生的变数在之后的操作中困难重重、争议不断，就如同案例中的人工费单价差是否需要考虑打折一样演化出这么多让人难以选择的答案。

52 一份联系函，博弈在中间

项目概况：

××号楼外墙面砖约60000m²，面砖为甲方指定供应，甲方把起草好的合同拿来让承包方签字盖章。但经过合同的评审，承包方发现了一些隐藏的问题，于是向发包方发出一份关于外墙面砖合同的质疑函，内容如下：

关于外墙面砖承包价严重亏损的质疑函

××××开发公司：

贵司的外墙饰面工艺做法已用节点图形式下达，所用的外墙面砖为贵司指定供应，对此我们无可非议。

现在，外墙面贴砖工序施工即将展开，前期的各项准备工作正在紧张地进行中。按贵司联系单指示，面砖的供应周期在30～35d，所以，提前签订供应合同很有必要。现就合同签订中出现的问题作如下澄清：

贵司送达的合同草案，面砖是以"m²"为单位计价的，条件为：

（1）面砖为纸皮面砖（类似马赛克的墙砖），每张纸面的规格为300mm×300mm，由18块规格为45mm×95mm的面砖组成；

（2）面砖以纸皮m²为单位计算；

（3）每11张纸面为一箱，合同面积为1m²，面砖数为18块×11张＝198（块/箱）（m²）。

据此，由于贵司的材料计价规则与我们使用的定额的工程量计算规则不同，以此计量方法与我们签订合同，导致未施工先亏扣，因此合同条款计量规则难以接受，其原因如下：

（1）每11张纸面为1m²，其实际面积为300mm×300mm×11张＝0.99（m²），以此为准，我方即亏1%；

（2）我们的工程是以合同规定的定额进行结算，而结算又必须按定额的计算规则进行编制；

（3）按定额计算规则，我们所使用的定额中的面砖以面砖周长、对缝的大小套用定额子目；

（4）我们所使用的合理的定额子目为B2-367（周长400mm内，5mm缝），其定额子目中每100m²贴面的面砖含量为92.6m²，也就是说，我们执行的定额中面砖耗用量是按扣除了面砖对缝所占的面积来计算的；

（5）所以我们要求，每平方米面砖的块数应为：1.00÷（0.045×0.095）≈233.92（块）。

综上所述，我们要求供应合同的面砖不能少于233.92块/m²，方能保证我们的面砖材料量不会亏本。

由于两者计算规则的差异，供应合同的洽谈以失败告终。现在部分工人已进场，面砖的进场迫在眉睫。为了确保在贵司要求的××月××日前完工，特呈此函，望贵司在确保我们不亏损的前提下，在两个规则中找出共同点，我司的意见：

（1）如按纸面面积计算，则每箱面砖必须为0.99m²；

（2）如执行面砖定额，则须换算定额含量，将定额中的面砖含量换算为纸面面积，即定额含量为：$100m^2 \times$（$1+$损耗率），换算为$104m^2/100m^2$；

（3）或按马赛克定额执行；

（4）如不换算定额，则每箱面砖的面积必须为：$198 \times 0.045 \times 0.095 \approx 0.846$（$m^2$）。

特呈函，盼予函复，以不误工期，使工程早日顺利竣工。

此

礼

××××建设集团有限公司

××××年××月××日

许多人看完此函都没有看懂承包方在说些什么，又想表达什么，想获得什么。下面对此一一解释。

（1）$300mm \times 300mm \times 11$张$=0.99$（$m^2$）是量的逻辑性亏损，合同规定11张（$300mm \times 300mm$规格的纸皮砖）为$1m^2$，相当于明亏，供应量差造成的损失为1.44万元［$60000m^2 \times 24$元$/m^2 \times 1.0\% \approx 1.44$（万元）］，施工方一定不肯作罢。

此外还存在定额消耗量差16.41万元［$60000m^2 \times$（$1.04-0.926$）$\times 24$元$/m^2 \approx 16.41$（万元）］，也就是说合同内根本没有考虑材料损耗这一工程量，承包方更不会答应。

（2）承包方要求按马赛克定额子目组价，因为马赛克定额子目在人、材、机方面都会比外墙贴砖消耗量高，单价也会相应提高。本来这种材料就属于马赛克性质，将来的墙砖勾缝剂用量会大大超过普通墙砖勾缝剂用量，承包方的工艺理解没有错误。

作为正常的经济交易，过程中你来我往的博弈无处不在，发包方在合同中暗藏的隐形成本遗漏问题确实有故意坑人之嫌。

53 预算包干费是什么性质的费用？

之前定额计价时期听说过"预算编制费"一词，近期经常听到"预算包干费"一词，其概念在《建设工程工程量清单计价规范》GB 50500—2013中并没有明确的解释，后经网络查询其概念是这样解释的（无具体出处）：

预算包干费：按分部分项的人工费与施工机具费之和的7.00%。（房建）具体包括：材料二次运输、20m高以下的工程用水加压措施、施工材料堆放场地的整理、机电安装后的补洞（槽）工料费、工程成品保护费、施工中的临时停水停电、基础埋深2m以内挖土方的塌方、日间照明施工增加费（不包括地下室和特殊工程）、完工清场后的垃圾外运等。

预算包干费指在编制施工图预算时不可预见，而在施工中可能或必然发生的其他措施项目和不容易量化的费用。为了促进企业加强管理，简化结算手续，一般工业与民用建筑安装工程可实行施工图预算加系数包干，由施工单位包干的办法。具体规定是：除涉及增（减）建筑面积、改变工程结构、提高设计标准、基础以下大型障碍物的处理以及预算定额和地区材料预算价格国家统一调整、换算等特殊因素外，在施工中发生的小的设计变更和材料代用等均不得另行调整，投资包干使用。

虽然预算包干费的概念无具体出处，但其内容解释还算简单明了，让人能够理解。预算包干费类似安全文明施工费性质，将一堆施工现场可能会经常发生且无法量化计量的组织措施费性质的费用打包后以包干价形式通过官方文件或合同条款形式予以约定取费基数和可竞争费率的形式加以简化，如果投标时计取了预算包干费，则材料二次运输、20m高以下的工程用水加压措施、施工材料堆放场地的整理、机电安装后的补洞（槽）工料费、工程成品保护费、施工中的临时停水停电、基础埋深2m以内挖土方的塌方、日间照明施工增加费等许多措施费用就不用在措施费清单项目中一一单独列项计取费用了。

有些地区将预算包干费取费标准固化，如按0～2%计算，计算基础为：定额计价时以分部分项工程费为基础；工程量清单计价时以工程清单分部分项合计为基础。预算包干费应根据施工现场实际情况，由甲乙双方商定并在合同中注明包干的内容和费率。

预算包干费取费的内容一般为：施工雨水、污水的排除；工程用水加压措施；施工材料堆放场地的整理；工程成品的保护；施工中的临时停水停电；日间施工照明增加费；完工后的场地清理。

通过方案前后解释对比可以看出，网络中下载的预算包干费操作方法显然出自多个地区，每个地区都有自己的取费基数和取费率，并不是（人工费＋机械费）×7%，也不是直接费或工程量清单分部分项之和×（0～2%）的区间费率。预算包干费取费方式大同小异但不完全相同。

组织措施费性质的费用在结算时争议不断，加之新版定额出台后，同行在操作过程中发现，原来有据可循的施工措施费现在变得要自行组价了。施工方造价人员还容易操作，咨询方造价人员就面临这些组织措施费现场是否一定会发生，如果发生了费用应该计取多少，以什么为基数等种种自己判断不了又不敢随意操作的问题，结果多半是不予以计取，但许多费用明显在实际施工阶段一定会发生，故意不予以计取将会导致最高投标限价低于成本，投标方即便想到投标时计取这些费用，无奈没钱可计。

笔者认为在安全文明施工费之外再设立一个预算包干费是可行而且是必要的，可以消除咨询方人员想计费又不敢计费等不必要的纠结。

预算包干费取费基数是以人工费＋机械费为准，还是以工程量清单分部分项汇总更科学实际并没有标准答案，费率定多少也是经验数据。设置预算包干费是解决有与无的问题，把一堆算不清、理更乱的费用再继续混合搅拌，让所有人都算不清，最终项目竣工后财务事后算总账，收入＞支出就是利润，至于为什么赔或赚再具体分析原因。

预算包干费现阶段还是可竞争费用，将来最好成为第三个类似"安全文明施工费"性质的费用（施工现场垃圾清运消纳费是第二个类似"安全文明施工费"性质的不可竞争费），这样可以减少许多结算中的争议问题。